职业安全与健康防护科普丛书

生物行业
人员篇

指导单位　国家卫生健康委职业健康司　应急管理部宣传教育中心
组织编写　新乡医学院　中国职业安全健康协会

总主编◎任文杰
主　审◎孙　新
主　编◎邹云锋
副主编◎王　剑　黄世文　彭　阳

编　者（按姓氏笔画排序）
马小莉　王　剑　包丽琴　邹云锋　张丽娥
柳怡敏　唐川乔　黄　翔　黄世文　彭　阳

人民卫生出版社
·北京·

图书在版编目（CIP）数据

职业安全与健康防护科普丛书. 生物行业人员篇 / 邹云锋主编. —北京：人民卫生出版社，2022.9

ISBN 978-7-117-33466-2

Ⅰ.①职… Ⅱ.①邹… Ⅲ.①生物工程 – 劳动保护 – 基本知识 – 中国 ②生物工程 – 劳动卫生 – 基本知识 – 中国 Ⅳ.① X9 ② R13

中国版本图书馆 CIP 数据核字（2022）第 157589 号

| 人卫智网 | www.ipmph.com | 医学教育、学术、考试、健康，购书智慧智能综合服务平台 |
| 人卫官网 | www.pmph.com | 人卫官方资讯发布平台 |

职业安全与健康防护科普丛书——生物行业人员篇
Zhiye Anquan yu Jiankang Fanghu Kepu Congshu
——Shengwu Hangye Renyuan Pian

主　　编：邹云锋
出版发行：人民卫生出版社（中继线 010-59780011）
地　　址：北京市朝阳区潘家园南里 19 号
邮　　编：100021
E - mail：pmph @ pmph.com
购书热线：010-59787592　010-59787584　010-65264830
印　　刷：北京顶佳世纪印刷有限公司
经　　销：新华书店
开　　本：710 × 1000　1/16　印张：11
字　　数：138 千字
版　　次：2022 年 9 月第 1 版
印　　次：2023 年 1 月第 1 次印刷
标准书号：ISBN 978-7-117-33466-2
定　　价：58.00 元
打击盗版举报电话：010-59787491　E-mail：WQ @ pmph.com
质量问题联系电话：010-59787234　E-mail：zhiliang @ pmph.com
数字融合服务电话：4001118166　E-mail：zengzhi @ pmph.com

《职业安全与健康防护科普丛书》

指导委员会

主 任

王德学　教授级高级工程师，中国职业安全健康协会

副主任

范维澄　院士，清华大学

袁　亮　院士，安徽理工大学

武　强　院士，中国矿业大学（北京）

郑静晨　院士，中国人民解放军总医院

委 员

吴宗之　研究员，国家卫健委职业健康司

赵苏启　教授级高工，国家矿山安全监察局事故调查和统计司

李　峰　教授级高工，国家矿山安全监察局非煤矿山安全监察司

何国家　教授级高工，国家应急管理部宣教中心

马　骏　主任医师，中国职业安全健康协会

《职业安全与健康防护科普丛书》

编写委员会

总 主 编 任文杰

副总主编（按姓氏笔画排序）

| 王如刚 | 吴 迪 | 邹云锋 | 张 涛 | 洪广亮 |
| 姚三巧 | 曹春霞 | 韩 伟 | 焦 玲 | 樊毫军 |

编 委（按姓氏笔画排序）

丁 凡	王 剑	王 致	牛东升	付少波
兰 超	任厚丞	严 明	李 琴	李硕彦
杨建中	张 蛟	周启甫	赵广志	赵瑞峰
侯兴汉	姜恩海	袁 龙	徐 军	徐晓燕
高景利	涂学亮	黄世文	黄敏强	彭 阳
董定龙

总序

近年来国家出台、修订了《中华人民共和国安全生产法》《中华人民共和国职业病防治法》等一系列的法律法规，为职业场所工作人员筑起一道道的"防火墙"，彰显了党和政府对劳动者安全和健康的高度重视。随着这些法律法规的贯彻落实，我国的职业安全健康工作逐渐呈现出规范化、制度化和科学化。

职业健康危害是人类社会面临的一个既古老又现代的课题。一方面，由于产业工人文化程度较低，对职业安全隐患及健康危害因素的防范意识较差，缺乏职业危害及安全隐患的基本知识和防范技能，劳动者的职业安全与健康问题十分突出；另一方面，伴随工业化、现代化和城市化的快速发展，各类灾害事故，特别是职业场所事故灾难呈多发频发趋势，严重威胁着职业场所劳动者的健康。因此，亟须出版一套适合各行业从业人员的职业安全与健康防护的科普书籍，用来指导产业工人掌握职业安全与健康防护的知识、技能，学会辨识危险源，掌握自救互救技能。这对保护广大劳动者身心健康具有重要的指导意义。

本丛书由领域内专家学者和企业技术人员共同编写而成。编写人员分布在涉及职业安全与健康的各行业，均为长期从事职业安全和职业健康工作的业务骨干。丛书编写以全民健康、创造安全健康职业环境为目标，紧密结合行业的生产工艺流程、职业安全隐患及职业危害的特征，同时兼顾职业场所突发自然灾害和事故灾难情境下的应急处置，丛书的编写填补了业界空白，也阐述了科普对职业健康的重要性。

本丛书根据行业、职业特点，全方位、多因素、全生命周期地考虑职业人群的健康问题，总主编为新乡医学院任文杰校长。本套丛书分为八个分册，分册一为消防行业人员篇，由应急总医院张涛、上海消防医院吴迪主编；分册二为矿山行业人员篇，由新乡医学院任文杰、姚三巧主编；分册三为建筑行业人员篇，由深圳大学总医院韩伟主编；分册四为电力行业人员篇，由天津大学樊毫军、曹春霞主编；分册五为石化行业人员篇，由北京市疾病预防控制中心王如刚主编；分册六为放射行业人员篇，由中国医学科学院放射医学研究所焦玲主编；分册七为生物行业人员篇，由广西医科大学邹云锋主编；分册八为交通运输业人员篇，由温州医科大学洪广亮主编。

本丛书尽可能地面向全部职业场所人群，力求符合各行各业读者的需求，集科学性、实用性和可读性于一体，相信本丛书的出版将助力为广大劳动者撑起健康"保护伞"。

清华大学

2022 年 8 月

前言

　　2020年2月，在中央全面深化改革委员会第十二次会议上，习近平总书记明确指出，要把生物安全纳入国家安全体系，系统规划国家生物安全风险防控和治理体系建设，全面提高国家生物安全治理能力。2021年4月15日是第六个全民国家安全教育日，也是《中华人民共和国生物安全法》开始实施的日子。这标志着我国对于生物安全的监管将全面升级。我们应该认识到生物安全不单是国家安全的重要组成部分，更与我们的生产和生活息息相关。

　　在本书编写过程中，征求了多个从事生物行业人员和安全评价专家的意见，经过全体编委会成员的认真讨论，确定以突发生物安全事件对职业人群的影响为主题，涉及职业人群常见生物有害因素、突发生物安全事件与职业防护、突发生物安全事件应急处置、突发生物安全事件心理危机干预和案例分析等内容。本书内容准确权威、简明扼要、务实管用，是职业安全与健康防护科普丛书之一。

　　本次编写工作得到天津大学应急医学研究院樊毫军教授、曹春霞教授的大力支持与帮助，同时也得到广西医科大学领导的高度重视，对本书的编写给予了大力支持，王剑、张丽娥、彭阳等老师在联络、筹备编写会议及定稿编排等方面做了大量细致的工作，谨此致以衷心的感谢。

　　本书编写过程中，全体编委尽心尽力，相互通力合作，力图使本书能更符合从事生物行业人群的需要，但限于编者的水平和时间的紧迫，缺点和错误在所难免，恳请广大读者批评指正。

邹云锋

2022 年 2 月

目录

突发生物安全事件与职业防护

职业人群突发生物安全事件应急处置

第四章

职业人群突发生物安全事件心理危机干预

第五章
职业人群突发生物安全事件案例分析

第一章

职业人群常见生物有害因素

第一节　微生物因素

一、病毒

（一）森林脑炎病毒

森林脑炎病毒也称为蜱传脑炎病毒，主要引起森林脑炎，一种急性传染病。常见于我国东北和内蒙古大兴安岭林区及俄罗斯远东地区，春夏季节高发。

1. **传染源**　在自然界中，蜱、啮齿动物、鸟类、家畜均可携带森林脑炎病毒。

2. **传播途径**　蜱叮咬是森林脑炎病毒在自然界和人群中传播的主要途径。人类也可通过饮用携带森林脑炎病毒家畜生产的生乳而感染，实验室工作者和与感染动物密切接触者还可通过吸入气溶胶感染。

3. **职业易感人群**　人类对森林脑炎病毒普遍易感，林业地区工作人员是主要职业易感人群。

4. **临床症状**　发热，可伴有头痛、无力、食欲缺乏等症状；

部分重症患者有心音低钝、心率变快、心电图检查异常等心肌炎表现。严重患者可出现意识模糊、表情淡漠、昏迷、谵妄和精神错乱等神志异常症状。如脑膜受损，可表现为剧烈头痛，颞部及后枕部常见；偶见语言障碍、吞咽困难等延髓麻痹症状，或中枢性面神经和舌下神经的轻瘫。

5. **预防方法** 接种森林脑炎疫苗；加强灭蜱、灭鼠工作，改善工作场所环境卫生；做好个人防护，防止蜱叮咬。

（二）人类免疫缺陷病毒

人类免疫缺陷病毒又称艾滋病病毒，主要造成人类免疫系统缺陷，艾滋病是人类免疫缺陷病毒感染的最后阶段（图1-1）。

1. **传染源** 传染源为人类免疫缺陷病毒，人类是人类免疫缺陷病毒的自然宿主。

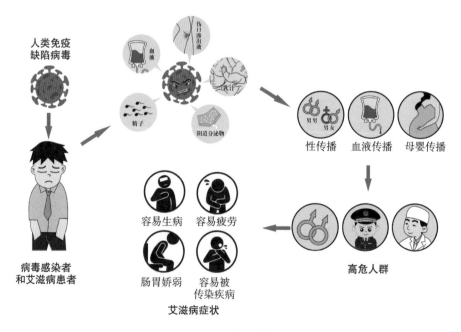

图 1-1 艾滋病

2. **传播途径** 主要有三种常见的传播方式：

（1）**性接触传播：**性接触摩擦所致细微破损后，血液、精液和阴道分泌物中的病毒即可侵入机体致病。

（2）**血液传播：**静脉吸毒者共同使用针具，输入含病毒的血液或血制品以及介入手术治疗等均可导致感染。

（3）**垂直传播（母婴传播）：**人类免疫缺陷病毒可经胎盘、产道、产后血性分泌物、哺乳等方式将病毒传给胎儿或婴儿。

3. **易感人群** 人群对人类免疫缺陷病毒普遍易感。男同、暗娼、输血或血液制品者、高危性行为者、吸毒者、血友病患者等为高危人群。

医护人员、实验室工作人员、尸检人员、警务人员等是主要职业易感人群。

4. **临床症状** 艾滋病主要分为以下三期：

（1）**急性期：**发热，同时伴有全身不适、食欲缺乏、腹泻等消化道症状；亦有头痛、咽痛、肌肉痛、关节痛、淋巴结肿大等症状。

（2）**无症状期：**此期具有传染性。

（3）**艾滋病期：**主要表现为病毒相关症状以及各种机会性感染和肿瘤。

1）病毒相关症状：主要表现为持续性发热以及记忆力下降、精神状态改变、头痛、癫痫及痴呆等神经系统症状。亦可出现持续性全身淋巴结肿大。

2）各种机会性感染和肿瘤：①呼吸系统：人肺孢子菌引起的肺孢子菌肺炎、肺部结核、病毒性肺炎、复发性细菌、真菌性肺炎等。②中枢神经系统：可发生各种病毒性、细菌性脑膜炎、弓形虫脑病。③消化系统：可发生各种病毒性、细菌性食管炎、肠炎；④口腔：鹅口疮、舌毛状白斑、复发性口腔溃疡、牙龈炎等。⑤皮肤：带状疱疹、传染性软疣、尖锐湿疣、真菌性皮炎和甲癣。⑥眼部：

视网膜炎。⑦肿瘤：恶性淋巴瘤、卡波西肉瘤等。

5. **预防方法** 正确使用安全套，避免高危性行为；不卖淫、不嫖娼，不与他人共同使用注射器、牙刷、剃须刀、刮脸刀等个人物品；在医生指导下进行输血和使用血制品。职业人群在进行有可能接触患者血液、体液的操作时，做好个人防护，预防针刺伤等锐器伤。

（三）肝炎病毒

肝炎病毒可引起病毒性肝炎，一组以肝脏损害为主的全身性传染病。按病原学分类有甲型、乙型、丙型、丁型、戊型等五型肝炎病毒。

1. **甲型肝炎病毒** 甲型肝炎病毒主要引起甲型肝炎。

（1）**传染源**：传染源多为患者。

（2）**传播途径**：主要通过粪 – 口途径传播，接触被甲肝病毒污染的手、餐具、厨房用具和玩具等物品后，经口传入而感染。

（3）**职业易感人群**：从事污物或污水处理的工人、食品行业人员、幼托机构人员、学校从业人员、医护人员、实验室检验人员等易发生职业暴露。

（4）**临床症状**：发病初期主要表现为浑身无力、食欲缺乏、发热、小便颜色加深等症状，严重时巩膜、皮肤出现黄染。

（5）**预防方法**：养成良好个人卫生习惯，进食煮熟、蒸透的食物；接种甲型肝炎疫苗；密切接触者可及时给予丙种球蛋白注射。职业人群做好个人防护。

2. **乙型肝炎病毒** 乙型肝炎病毒主要引起乙型肝炎（图 1–2）。

（1）**传染源**：乙型肝炎患者或无症状病毒携带者是主要传染源。

（2）**传播途径**：主要的传播途径是血液传播，如输入血液或血制品、移植手术、外科手术等；其次是母婴传播，携带乙型肝炎病

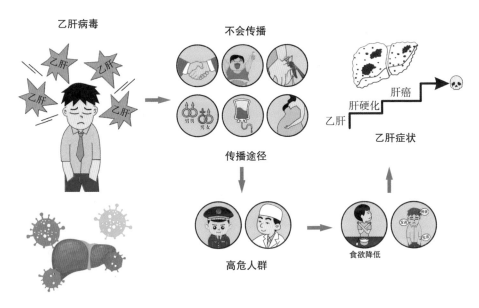

图 1-2 乙型肝炎

毒的母亲在分娩、喂养过程中可感染新生儿；第三是通过精液和阴道分泌物传播；第四是医源性传播，如消毒不严格、不安全注射等。

（3）**易感人群**：人群普遍易感，性滥交者、同性恋者及不安全性行为者是乙型肝炎病毒感染的高危人群；医护人员、警察等是主要职业易感人群。

（4）**临床症状**：急性肝炎常见症状有畏寒、发热、全身乏力、食欲缺乏等，热退后可出现巩膜、皮肤黄染。慢性肝炎常见症状有全身不适、低热、肝区叩痛、腹胀，可见巩膜黄染、蜘蛛痣或肝掌等体征。

（5）**预防方法**：接种乙型肝炎疫苗；养成良好个人卫生习惯，不与他人共用牙刷、毛巾、剃须刀、刮脸刀等物品；与患者接触后要及时洗手；在医生指导下进行输血和使用血制品。职业人群做好个人防护。

3. **丙型肝炎病毒** 丙型肝炎病毒主要引起丙型肝炎。

（1）**传染源**：丙型肝炎患者和病毒携带者是主要传染源。

（2）**传播途径**：输血或血制品是主要传播途径；性接触、家庭密切接触及母婴接触亦可传播。

（3）**职业易感人群**：人群普遍易感。同性恋者、静脉吸毒者及血液透析患者为高危人群。

（4）**临床症状**：急性丙型病毒性肝炎患者可出现食欲缺乏、乏力、尿液变黄等症状。慢性丙型病毒性肝炎患者症状较轻，主要表现为疲劳、乏力、食欲下降等症状。

（5）**预防方法**：到正规医疗机构进行注射与输血；对口腔科、介入手术室、消化科等医疗科室手术器具严格消毒，加强医护人员防护。

4. **丁型肝炎病毒** 丁型肝炎病毒主要引起丁型肝炎。

（1）**传染源**：丁型肝炎患者和病毒携带者是主要传染源。

（2）**传播途径**：血源性传播是主要传播途径，常继发于乙肝病毒感染。

（3）**职业易感人群**：与乙型肝炎相似。

（4）**临床症状**：丁型肝炎患者症状与其体内乙型肝炎病毒感染状态密切相关。如丁型肝炎病毒与乙型肝炎病毒同时感染，则表现为急性丁型肝炎，其临床症状与急性乙型肝炎相似。如患者为慢性乙型肝炎病毒感染者，则临床表现多样，有急性肝炎症状，也可表现为慢性肝炎、重型肝炎。

（5）**预防方法**：到正规医疗机构进行注射与输血；可接种乙肝疫苗；养成良好个人卫生习惯。职业人群做好个人防护。

5. **戊型肝炎病毒** 戊型肝炎病毒主要引起戊型肝炎。

（1）**传染源**：戊型肝炎患者和亚临床感染者是主要传染源。

（2）**传播途径**：主要经粪－口途径传播。水源污染、食物污染与输血可造成传播。

（3）**职业易感人群：**人群普遍易感，青壮年常见。

（4）**临床症状：**症状与甲型肝炎相似，起病迅速，常伴有发热、乏力、肝区疼痛、黄疸等症状。如胆汁淤积可出现皮肤瘙痒、大便颜色变浅和肝肿大。妊娠晚期患者易发生流产，死亡率高。

（5）**预防方法：**养成良好个人卫生习惯，注意食品卫生，不喝生水、不吃生冷食物。

（四）流感病毒

流行性感冒病毒简称流感病毒，包括人流感病毒和动物流感病毒。主要引起流行性感冒和禽流感。

1. **流行性感冒** 流行性感冒主要是由甲型、乙型、丙型三种类型流感病毒引起的一种急性呼吸道疾病，属于丙类传染病（图 1-3）。

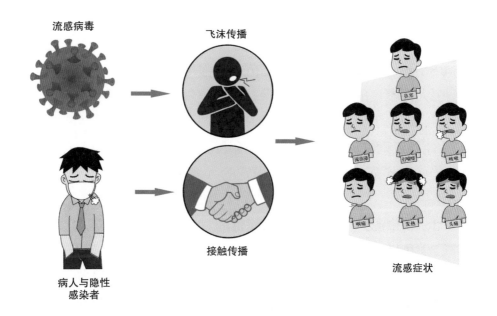

流感病毒

飞沫传播

病人与隐性
感染者

接触传播

流感症状

图 1-3 流行性感冒

（1）**传染源**：流感患者和隐性感染者是主要传染源。

（2）**传播途径**：主要通过空气中飞沫传播。也可通过接触被污染的玩具、日常用品等间接传播。

（3）**职业易感人群**：人群普遍易感。

（4）**临床症状**：流感通常较普通感冒症状重，常见以下四种表现类型。

1）单纯型：起病迅速，常见发热、头痛、全身乏力、肌肉酸胀疼痛等全身性症状，少数患者有咳嗽、流涕、咽痛、声音嘶哑等症状。此型最为常见，一般恢复良好。

2）胃肠型：主要出现呕吐、腹泻、腹部疼痛、食欲不佳等症状。常见于儿童群体。

3）肺炎型：患者出现持续性高热、呼吸急促、皮肤出现青紫色、咳血、呼吸衰竭等症状。此型较为少见。

4）中毒型：主要出现持续性高热、神志不清、谵妄、抽搐等症状。严重者可出现休克，弥散性血管内凝血，循环衰竭等。此型死亡率较高。

（5）**预防方法**：接种流感疫苗；加强个人身体素质锻炼，减少或不去人群聚集的公共场所，保持室内空气流通；养成良好个人卫生习惯，勤洗手，戴口罩；必要时，可服用抗病毒药物。

2. 高致病性禽流感　禽流感是由 a 型流感病毒所引起的禽类烈性传染性疾病，被国际兽疫局定为 A 类传染病，在我国属于一类传染病。

（1）**传染源**：传染源为携带病毒的鸡、鸭、鹅等家禽。

（2）**传播途径**：粪 – 水 – 口为禽流感的主要传播途径。

（3）**职业易感人群**：从事宰杀、饲养、加工、贩卖禽类，实验室研究人员，与病、死禽及禽流感患者密切接触人群为感染的高危人群。

（4）**临床症状：** 常见症状有体温升高、咳嗽、咳痰、咽部疼痛、鼻塞、呼吸困难、头痛、肌肉酸痛等，部分患者可有恶心、腹痛、腹泻等消化道症状，个别患者可出现精神神经症状，如烦躁、神志不清等。

（5）**预防方法：** 养成良好个人卫生习惯，勤洗手，戴口罩；注意食品卫生，禽肉类应注意煮熟；保持良好的家居卫生，除菌、除尘；加强身体素质锻炼，增强免疫力；尽量不去人群拥挤的花鸟市场等公共场所。职业人群做好个人防护。

（五）埃博拉病毒

埃博拉病毒主要引起埃博拉出血热。

1. **传染源** 病毒携带者和非人灵长类动物是主要传染源。

2. **传播途径** 主要通过接触患者和被感染动物排出的排泄物以及各种渗出液体感染。

3. **职业易感人群** 医护人员或看护人员、与死者尸体直接接触人员、热带雨林猎人等是主要职业易感人群。

4. **临床症状** 起病迅速、全身极度乏力、体温上升、畏寒、肌肉疼痛、咽部疼痛、结膜充血。随后可出现恶心、呕吐、腹痛、腹泻、黏液便或血便、皮疹等表现。

5. **预防方法** 接种埃博拉疫苗；避免直接接触传染源，医护人员、实验人员等穿戴个人防护用品，包括医用防护口罩、防护眼镜、面屏、防护服和手套等。

（六）冠状病毒

冠状病毒是一个大型病毒家族，主要引起感冒以及中东呼吸综合征、严重急性呼吸综合征和新型冠状病毒肺炎等较严重疾病（图1-4）。

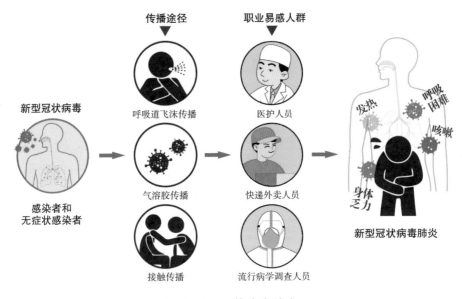

图 1-4　冠状病毒肺炎

1. **传染源**　冠状病毒感染者和无症状病毒携带者是主要传染源。

2. **传播途径**　经呼吸道飞沫和密切接触传播是冠状病毒主要的传播途径。接触病毒污染的物品或在相对封闭的环境中长时间暴露于高浓度气溶胶情况下也可传播。

3. **易感人群**　老年人、慢性基础性疾病患者等冠状病毒暴露风险高风险人群。

职业易感人群包括医护人员、病例样本采集与检测人员、现场流行病学调查人员；从事冷链食品加工、运输人员；海关和市场监管系统的一线工作人员；环卫工人、保洁员、交通运输业人员、快递和外卖员、公共场所服务人员等是主要职业人群。

4. **临床症状**　患者主要出现发热、乏力、干咳、呼吸困难等症状；部分患者也可无症状或表现轻微。

5. **预防方法**　接种冠状病毒疫苗；养成良好个人卫生习惯，

勤洗手，戴口罩；加强个人身体素质锻炼，减少外出、避免或不去人群拥挤的公共场所，保持室内空气清新；避免接触禽畜、野生动物及其排泄物和分泌物。职业人群做好个人防护，佩戴防护口罩、防护服、手套，必要时佩戴防护眼镜和面屏。

（七）狂犬病病毒

狂犬病病毒主要引起狂犬病，是一种急性传染病。

1. **传染源** 发展中国家中病犬为狂犬病的主要传染源，其次为狼和猫。而在狂犬病疫情控制较好的欧洲、北美、澳大利亚及部分拉丁美洲国家的传染源为蝙蝠、狐、豺、狨猴、猫鼬和浣熊等野生动物。

2. **传播途径** 被患病动物咬伤或抓伤是大部分狂犬病的主要传播途径；被患病动物触舔黏膜、溃疡表面等感染途径比较少见；在某些特殊情况下，病毒也可通过气溶胶或呼吸道感染的特殊情况传播，但比较罕见。

3. **职业易感人群** 从事狂犬病病毒研究的实验室研究人员、兽医以及因职业原因持续、频繁暴露于狂犬病病毒环境的人群属于职业易感人群。

4. **临床症状** 早期可见全身不适、胃口欠佳、疲劳、头痛等非典型症状，随着病程进展，狂躁型患者可出现怕水、怕风、咽部肌肉痉挛、呼吸困难、排尿排便困难及多汗流涎等症状。麻痹型患者无典型的兴奋期及怕水现象，主要出现高热、头痛、呕吐、动物咬伤处疼痛，继而出现肢体无力、腹部肿胀、大小便失禁等症状。

5. **预防方法** 对饲养动物进行免疫接种；可用 20% 的肥皂水反复冲洗伤口，接种狂犬病疫苗或注射狂犬病血清；伤口避免接触禽畜、野生动物及其排泄物和分泌物。

（八）口蹄疫病毒

口蹄疫病毒主要引起口蹄疫；属于烈性人畜共患传染病。

1. **传染源** 病畜和带毒畜是主要的传染源；带毒动物污染的圈舍、水源以及屠宰场所、工具等均为传染源。

2. **传播途径** 主要通过接触牛、猪、羊等家畜感染口蹄疫；也可通过受创伤的皮肤感染和呼吸道感染。

3. **职业易感人群** 饲养、运输、屠宰、销售类人员以及直接或间接接触病死牲畜及其皮毛人员。

4. **临床症状** 患者体温 39℃ 以上，面色发红，口干舌燥，唇部、口腔和四肢出现水疱，同时伴有头痛、呕吐和精神不振等症状。

5. **预防方法** 对饲养动物进行免疫接种；可以选用 1%～2% 氢氧化钠，10% 石灰乳，1%～2% 甲醛溶液，0.2%～0.5% 过氧乙酸溶液等对生产环境进行消毒；伤口避免接触病畜及其排泄物和分泌物。

（九）登革病毒

登革病毒主要引起登革热、登革出血热和登革休克综合征。

1. **传染源** 患者和隐性感染者是主要传染源。

2. **传播途径** 伊蚊叮咬吸血是主要传播途径，其他途径如母婴传播、输血和器官移植传播、职业暴露等也可传播登革病毒。

3. **职业易感人群** 从事家庭内务工作、农业从业人员以及工人等是主要职业易感人群。

4. **临床症状** 患者起病迅速，出现发热、剧烈头痛、眼眶痛、恶心、呕吐等症状。登革出血热表现为四肢、腋窝、黏膜及面部出现散在出血点，融合后成瘀斑；鼻腔、牙龈、消化道等器官可见大量出血，偶见脑出血。登革休克综合征初期表现为典型登革热的症状体征，随后出现出血现象，表现为皮肤大片紫色瘀斑，鼻腔、消化道及泌尿生殖道大量出血，常发展为出血性休克，死亡率高。

5. **预防方法** 改善卫生环境，防蚊、灭蚊；合理营养，劳逸结合，适当锻炼，增强免疫力。

二、细菌

（一）布鲁氏菌

布鲁氏菌主要引起布鲁氏菌病，简称布病，是由布鲁氏菌侵入机体引起的感染 – 变态反应性人畜共患疾病，属于乙类传染病（图 1–5）。

图 1–5 布鲁氏菌病

1. **传染源** 目前已知有 60 多种家畜、家禽和野生动物可感染布鲁氏菌并成为宿主，与人类密切相关主要是羊、牛及猪，其次是犬、鹿、马、骆驼等。布鲁菌病首先在染菌动物间传播，造成带菌或发病，然后波及人类。

2. **传播途径** 主要经：①皮肤及黏膜接触传播；②呼吸道传播，如吸入含菌气溶胶；③消化道传播，如使用含菌奶类和食物。

3. **职业易感人群** 从事畜牧业养殖工作人员、屠宰和肉制品加工人员、兽医、畜牧检验人员等人群是主要职业易感人群。

4. **临床症状** 发热并伴有大汗、寒战、关节肌肉疼痛、食欲下降、全身乏力等症状。

5. **预防方法** 对饲养动物进行免疫接种；做好防护，穿好工作服，戴好口罩和手套，避免皮肤和黏膜暴露；避免伤口接触病畜及其排泄物和分泌物。

（二）炭疽芽孢杆菌

炭疽芽孢杆菌主要引起炭疽，一种人畜共患传染病，属于乙类传染病，其中肺炭疽实行甲类传染病管理（图 1-6）。

1. **传染源** 患者和携带炭疽芽孢杆菌的动物是主要传染源。

2. **传播途径** ①接触传播最为常见；②经呼吸道感染；③经消化道感染；④经吸血昆虫叮咬感染。

3. **职业易感人群** 从事畜牧业养殖工作人员、屠宰和肉制品加工人员、兽医、畜牧检验人员等是主要职业易感人群。

4. **临床症状** 炭疽主要有皮肤炭疽、肺炭疽、肠炭疽、脑膜炎炭疽、败血症炭疽 5 种类型，其中皮肤炭疽最为常见。

（1）**皮肤炭疽**：早期皮肤呈丘疹或斑疹样改变，后出现水疱、溃疡、黑痂，黑痂脱落愈合成疤，常见于面、颈、肩、手臂等暴露部位皮肤；几日后出现发热、头痛、局部淋巴结肿大等症状。

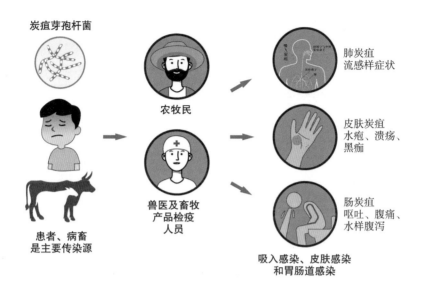

图 1-6　炭疽

（2）**肺炭疽**：起病迅速，表现为发热、寒战、呼吸困难、发绀、咳血痰、胸痛等症状，常并发败血症和感染性休克，偶可继发脑膜炎。可因呼吸、循环衰竭而死亡。

（3）**肠炭疽**：临床上常见急性胃肠炎型和急腹症型两种类型。急性胃肠炎型表现为呕吐、腹部疼痛、拉水样便。急腹症型起病迅速，持续性呕吐、拉血水样便、腹部疼痛等征象，若不及时治疗，常并发败血症和感染性休克死亡。

（4）**脑膜型炭疽**：头痛剧烈、呕吐、抽搐，病情发展特别迅速，患者可于起病 2～4 日内死亡。

（5）**败血型炭疽**：多继发于肺炭疽或肠炭疽，可出现高热、头痛、呕吐、毒血症、感染性休克、弥散性血管内凝血等。

5. **预防方法**　职业人群可进行免疫接种；做好防护，穿好工作服，戴好口罩和手套，避免皮肤、消化道和呼吸道暴露；密切接触者可用抗生素进行预防。

（三）鼠疫耶尔森菌

鼠疫耶尔森菌俗称鼠疫杆菌，主要引起鼠疫。属于人畜共患烈性传染病，是我国法定的甲类传染病（图 1-7）。

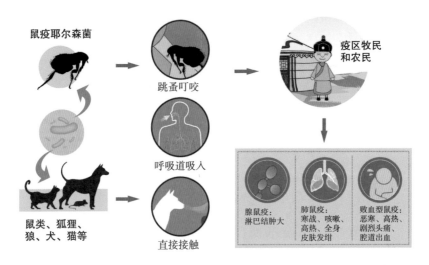

图 1-7　鼠疫

1. **传染源**　自然感染鼠疫的动物都可以作为鼠疫的传染源，其中啮齿动物（鼠类、旱獭等）是最主要的传染源。

2. **传播途径**　主要经跳蚤叮咬传播；也可通过直接接触和飞沫传播。

3. **职业易感人群**　动物鼠疫流行区的牧民和农业从业人员，从事旱獭养殖与采购人员，以及鼠疫实验室工作人员等属于职业易感人群。

4. **临床症状**　临床上常见三种类型：腺鼠疫、肺鼠疫和败血症型鼠疫。

（1）**腺鼠疫：**腹股沟、腋下、颈部等部位淋巴结肿大、发炎、化脓和坏死，疼痛剧烈。

（2）**肺鼠疫**：起病迅速，出现高热、寒战、咳嗽、患者面部潮红、眼部充血、皮肤发绀等症状与体征。患者多因呼吸困难或心力衰竭而死亡，皮肤常呈黑紫色，故称"黑死病"。

（3）**败血型鼠疫**：患者出现高热、剧烈头痛、言语不清、心律失常、血压下降、呼吸急促，皮下及黏膜出血、腔道出血等症状。

5. **预防方法**　职业人群可进行免疫接种；不接触病死鼠类、旱獭等动物；做好防护，穿好防护服，戴好口罩、帽子、手套、眼镜和穿胶鞋；做好防蚤、灭蚤工作，防止跳蚤叮咬；不到鼠疫患者或疑似鼠疫患者家中探视护理或吊丧。

（四）霍乱弧菌

霍乱弧菌主要引起霍乱，是一种烈性传染病，在我国按照甲类传染病进行管理（图 1-8）。

1. **传染源**　患者和无症状携带者是霍乱的主要传染源。

2. **传播途径**　患者和无症状携带者的粪便污染水源、食物、环境后通过污染的水源或食物经口感染，日常生活接触以及苍蝇也可传播。

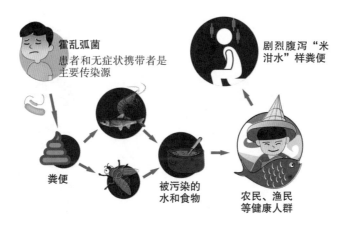

霍乱弧菌
患者和无症状携带者是主要传染源

剧烈腹泻"米泔水"样粪便

粪便

被污染的水和食物

农民、渔民等健康人群

图 1-8　霍乱

3. **职业易感人群** 农业从业人员、渔民、水路人员、沿海人员、口岸人员以及从事餐饮行业人员等属于职业易感人群。

4. **临床症状** 主要症状是强烈腹泻和呕吐，最高每小时失液量可达 1 升，排出"米泔水"样粪便，如未经治疗，患者死亡率高达 60%。

5. **预防方法** 吃熟食、不喝生水、勤洗手；减少在外就餐次数，少吃生冷外卖食品；积极锻炼身体，增强免疫力。

（五）结核分枝杆菌

结核分枝杆菌可以侵犯人体全身各器官，导致各种结核病，以肺结核最为常见（图 1-9）。

1. **传染源** 结核患者和无症状携带者是结核病的主要传染源。

2. **传播途径** 空气传播是结核病的主要传播途径。

3. **职业易感人群** 预防保健工作人员、实验室检测人员、医护人员以及从事结核病防治工作的一线人员等属于职业易感人群。

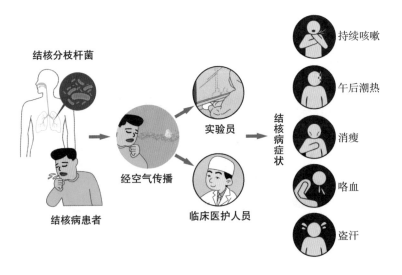

图 1-9 肺结核

4. 临床症状 患者早期出现全身不适、疲乏、发热等症状。当肺部受到损害时可出现咳嗽、咳痰，如形成空洞，可咳出大量脓痰。当出现血管损伤时患者有咯血，空洞壁上较大动脉瘤破裂，可以引起大量咯血；肺内炎症波及壁层胸膜时可引起胸痛。

5. 预防方法 职业人群可进行免疫接种；养成良好个人卫生习惯，不随地吐痰，勤洗手，勤晒被褥；保持室内空气清新；养成良好个人生活习惯，规律作息，适当锻炼，增强抵抗力；减少接触传染源，职业人员定期体检。

（六）链球菌

1. 肺炎链球菌 肺炎链球菌主要引起大叶性肺炎、脑膜炎、支气管炎等疾病。

（1）传染源： 与经典的传染病的病原不同，肺炎链球菌主要黏附于人体鼻咽部，肺炎链球菌可以致病也可有正常的定植状态，当机体抵抗功能下降时，肺炎链球菌可引起感染。

（2）传播途径： 主要通过飞沫传播、直接接触和经污染的物品间接传播，或由定植菌导致自体感染。

（3）职业易感人群： 福利机构工作人员、养老院和儿童护理中心工作人员以及实验室工作人员等属于职业易感人群。

（4）临床症状： 患者常突然出现高热、寒战、胸部剧烈疼痛、咳铁锈色痰。肺炎后可继发胸膜炎、脓胸，也可引起中耳炎、乳突炎、鼻窦炎、脑膜炎和败血症等。

（5）预防方法： 养成良好个人生活习惯，规律作息，合理营养，多食高热量、高蛋白、易消化食品，多饮水，戒烟限酒，适当锻炼，增强抵抗力；保持室内通风换气，控制室内温湿度；职业人员可进行免疫接种。

2. **猪链球菌**　猪链球菌常导致化脓性脑炎。

（1）**传染源**：病（死）猪是主要传染源。

（2）**传播途径**：主要通过直接接触进行传播，常因皮肤破损或眼结膜接触感染。

（3）**职业易感人群**：从事生猪养殖和猪的屠宰、加工、配送、销售及烹调工作人员等属职业易感人群。

（4）**临床症状**：患者早期可出现高热、全身不适，眩晕等症状。脑膜炎型患者还可出现脑膜刺激征阳性，预后较好，病死率较低，但可发生感知性耳聋以及运动功能失调，并发吸收性肺炎，继发性大脑缺氧等并发症。败血症型常表现为起病迅速、高热、昏迷、皮肤广泛性瘀点瘀斑，预后较差，病死率极高。

（5）**预防方法**：对饲养动物进行免疫接种；可用3%来苏儿液、1%有效氯的消毒液等消毒液对饲养环境彻底消毒；加强个人防护，有外伤时避免接触病猪；工作中伤口清洗消毒后，可用抗生素进行预防。

（七）破伤风梭菌

破伤风梭菌属于厌氧菌，人体受到深部创伤或使用未严格消毒的手术器械时易感染该菌，主要引起破伤风。

1. **传染源**　破伤风梭菌大量存在于人和动物肠道中，由粪便污染土壤后经伤口感染引起疾病。

2. **传播途径**　破伤风梭菌经伤口（如生锈铁钉刺伤）侵入人体引起破伤风。

3. **职业易感人群**　建筑工人、石油勘探采掘工人、铁路修筑工人、医护人员等属于职业易感人群。

4. **临床症状**　主要有以下两种类型：

（1）**破伤风**：患者早期出现全身不适、头痛、大量出汗、咀嚼肌痉挛、牙关紧闭等症状和体征，后出现持续性背部肌肉痉挛、角弓反张，死亡率较高。

（2）**新生儿破伤风：**俗称"七日风"或"脐带风"。早期出现哭闹、张口和吃奶困难等症状，进展后症状与破伤风相同，死亡率较高。

5. **预防方法**　注射破伤风类毒素进行免疫接种；如遇伤口污染、清创不当或严重的开放性外伤，可注射破伤风抗毒血清用于应急预防。

（八）军团菌

军团菌广泛存在于自然界中，主要引起以发热和呼吸道症状为主的疾病，即军团菌病。

1. **传染源**　空调冷却塔水和冷热水管道系统是最主要的传染源。

2. **传播途径**　军团菌主要通过气溶胶方式进行传播。

3. **职业易感人群**　宾馆工作人员、医护人员、大型建筑工地或长期旅行者等属于职业易感人群。

4. **临床症状**　军团菌病在临床上主要有军团菌肺炎和庞蒂亚克热两种类型。

（1）**军团菌肺炎：**患者早期出现全身不适、肌肉疼痛、头部疼痛，偶伴有烦躁。病情加重后出现发热、寒战、呼吸困难、咳嗽、咳痰等症状。重症患者可发生急性呼吸窘迫综合征（acute respiratory distress syndrome，ARDS）、肝功能变化及肾衰竭。

（2）**庞蒂亚克热：**主要症状有发热、寒战、咳嗽、胸部疼痛、全身乏力、肌肉痛、食欲下降等，症状均较轻。

5. **预防方法**　避免长时间使用空调，控制空调温度，室内外温差不超过7℃，定期清洁空调滤网；保持开窗通风换气，定时对室内环境进行消毒；加强身体素质锻炼，增强免疫力。

（九）伤寒沙门菌

伤寒沙门菌又称伤寒杆菌，主要引起伤寒病。

1. **传染源**　患者及带菌者是伤寒的传染源。

2. **传播途径**　伤寒杆菌主要通过粪 – 口途径传播。

3. **职业易感人群**　从事餐饮服务类行业、饮用水生产加工行业人员等为职业易感人群。

4. **临床症状**　伤寒的临床症状分为以下四期：

（1）**初期**：发热，体温逐渐上升，伴有畏寒、出汗、乏力、食欲下降等症状，病情逐渐加重。

（2）**极期**：高热，常持续 2 周左右；腹部胀痛，便秘或腹泻交替出现；患者可出现神情呆滞、反应迟钝、听力下降、神志不清等症状；多数患者有脾大，质软有压痛。

（3）**缓解期**：患者体温和食欲逐渐恢复正常，腹胀、脾肿大减轻，痛感逐渐消失，但仍有可能出现肠出血，肠穿孔等并发症。

（4）**恢复期**：各种症状逐渐消失，一般 1 个月左右完全康复。

5. **预防方法**　免疫接种；养成良好的卫生习惯，饭前与便后洗手，保证食物洁净，不饮用生水、生奶；养成良好个人生活习惯，规律作息，适当锻炼，增强抵抗力。

三、螺旋体

（一）钩端螺旋体

钩端螺旋体简称钩体，主要引起钩端螺旋体病，简称钩体病，是我国重点防治的传染病。

1. **传染源**　鼠类和猪是主要传染源。

2. **传播途径**　直接接触传播是主要传播途径。接触感染动物的尿液（主要途径）、食物或土壤，钩端螺旋体可通过破损的皮肤和黏膜进人体。

3. 职业易感人群　人群普遍易感，农业从业人员、渔业工人、屠宰工人、户外工作者和采矿工人等属于职业易感人群。

4. 临床症状　主要表现为发热、畏寒或寒战、咳嗽、血痰或咯血，可出现眼结膜充血、腓肠肌疼痛和腹股沟淋巴结肿大。除了以上症状，还可出现进行性加重的黄疸和肾损害。

5. 预防方法　易感人群可进行免疫接种；流行区人员穿长筒靴和戴胶皮手套，并防止皮肤破损；疑似感染可预防性服药，口服多西环素 200mg/ 周或多西环素 200mg/ 周；疫区内灭鼠，管理好猪、犬、羊、牛等家畜，不让畜尿粪直接流入附近的水源。

（二）梅毒螺旋体

梅毒螺旋体又被称为苍白密螺旋体，主要引起梅毒，属于乙类传染病。

1. 传染源　患者是唯一的传染源。

2. 传播途径　性接触传播是主要的传播途径；垂直（母婴）传播与血液传播是次要途径；少数患者可经医源性途径，接吻、哺乳或接触被污染物品、个人用品而感染。

3. 易感人群　人群普遍易感，不洁性行为者和静脉吸毒者均为梅毒的高危人群；因诊疗过程操作不当而感染的医护人员属于职业易感人群。

4. 临床症状　后天性梅毒患者外生殖器、肛门、直肠和口腔局部早期可出现无痛性硬下疳，一般可自愈。中期可在躯干以及四肢发现梅毒疹，全身淋巴结肿大，有时累及骨、关节、眼及中枢神经系统。后期出现皮肤黏膜溃疡性损害或内脏器官的肉芽肿样病变（梅毒瘤）。

先天性梅毒可导致孕妇流产、早产或死胎，新生儿出现马鞍鼻，锯齿形牙，间质性角膜炎、骨软骨炎、先天性耳聋等特殊体征。

5. **预防方法** 正确使用安全套，避免不洁性行为；不卖淫、不嫖娼，不与他人共用注射器、牙刷、剃须刀、刮脸刀、毛巾等物品；养成良好个人卫生习惯，在正规医疗机构进行输血和使用血制品。医护人员做好个人防护。

（三）回归热螺旋体

回归热螺旋体主要引起回归热，属于急性传染病。根据传播媒介类型可分为以下两种类型：虱传回归热，亦称流行性回归热；蜱传回归热，亦称地方性回归热。

1. **传染源** 患者是虱传回归热的唯一传染源；鼠类等啮齿动物既是蜱传回归热主要传染源又是贮存宿主。

2. **传播途径** 体虱和蜱叮咬是回归热的主要传播途径。

3. **职业易感人群** 林业工人、牧工、牧民、山区农业从业人员、猎人、边防战士等属于职业易感人群。

4. **临床症状**

（1）**虱传回归热**：起病迅速，患者出现畏寒、高热、剧烈头痛等症状，体温可达 40℃左右，伴谵妄、抽搐、神志不清等症状，症状可反复出现 1～2 次。

（2）**蜱传回归热**：与虱传型相似，但较轻，复发次数较多，可达 5～6 次。

5. **预防方法** 对居住环境进行灭虱、灭蜱、灭鼠；加强个人防护，必要时服用多西环素或四环素预防发病。

（四）伯氏疏螺旋体

伯氏疏螺旋体主要引起莱姆病。

1. **传染源** 啮齿目的小鼠，如黑线姬鼠、黄鼠、褐家鼠等是主要的传染源。

2. **传播途径** 硬蜱叮咬是主要传播途径。直接接触、垂直（母婴）传播和血液传播是次要途径。

3. **职业易感人群** 长期从事野外生产、经营人员，如伐木工人、农牧民、山区猎人、边防战士等属于职业易感人群。

4. **临床症状** 莱姆病病程可分为以下三期：

（1）**第一期：** 主要表现为皮肤游走性红斑，慢性萎缩性肢端皮炎和淋巴细胞瘤。红斑，多见于腋下、大腿腹部和腹股沟等部位，儿童多见于耳后发际。伴随有发热、寒战、肌肉、关节痛、剧烈头痛、颈强直等。

（2）**第二期：** 患者出现剧烈头痛、意识不清、肌张力低、动作不协调等神经系统受累症状；亦可出现心前区疼痛、气促、心动过速和房室传导阻滞等心功能不全症状。

（3）**第三期：** 出现关节损害。膝、踝和肘等大关节受累多见，表现为反复发作的单关节炎，出现关节和肌肉僵硬、疼痛、关节肿胀、活动受限等。

5. **预防方法** 加强个人防护，减少皮肤暴露，不在草地、树林等蜱类栖息地长时间坐卧，暴露的皮肤涂抹驱避剂；对居住环境进行灭蜱、灭鼠；易感人群可进行免疫接种，必要时使用抗生素进行预防。

四、衣原体

（一）沙眼衣原体

沙眼衣原体主要引起沙眼、泌尿生殖系统感染和性病淋巴肉芽肿等疾病。

1. **传染源** 沙眼衣原体患者和无症状的带病毒者是主要传染源。

2. **传播途径** 主要传播途径有性接触传播、通过接触污染的衣物、床上用品、洗浴用品等物品间接传播、医源性感染传播（输入血液或血液制品）和新生儿经产道感染。

3. **职业易感人群** 从事家政服务业、餐饮商业服务人员和农业从业人员等属于职业易感人群。

4. **临床症状** 沙眼衣原体主要引起以下疾病：

（1）**沙眼**：患者早期出现流泪、分泌物增多、结膜充血等症状；晚期出现结膜瘢痕、眼睑内翻、视力下降等。

（2）**包涵体结膜炎**：婴儿结膜炎可引起急性化脓性结膜炎，出现发热、结膜充血、眼睛分泌脓性物等症状；成人结膜炎症状与沙眼类似，一般经数周或数月痊愈，无明显后遗症。

（3）**泌尿生殖道感染**：男性多表现为非淋菌性尿道炎，出现排尿刺痛、尿道分泌物增多、瘙痒等症状，少数患者无明显症状。女性好发于阴唇、阴阜、阴蒂、肛周或阴道。女性表现为白带增多、变黄或出血、异味等症状。

（4）**性病淋巴肉芽肿**：男性患者早期无明显症状，病情发展后出现腹股沟淋巴结肿大、疼痛，淋巴结软化破溃后可形成瘘管；女性患者多发于会阴、肛门、直肠等部位，临床上可出现排血便、腹痛和腰部疼痛等症状。

5. **预防方法** 养成良好个人卫生习惯，避免直接或间接接触传染；避免高危性行为，正确使用安全套；不与他人共用毛巾、衣物、洗脸用具等物品；在医生指导下进行输血和使用血制品。

（二）肺炎衣原体

肺炎衣原体感染多为慢性，除了引起肺部炎性改变，也与许多慢性疾病有关，如冠心病、动脉粥样硬化、慢性阻塞性肺病、支气管哮喘等。

1. **传染源** 患病者或无症状携带者是主要的传染源。

2. **传播途径** 飞沫传播是主要传播途径。

3. **职业易感人群** 人群普遍易感，工作环境相对封闭的行业人群可存在小范围流行。

4. **临床症状** 起病缓慢，表现为咽痛、咳嗽、咳痰、发热等，一般症状较轻。4.5% ～ 25% 肺炎衣原体感染的患者出现严重的哮喘症状。

5. **预防方法** 养成良好个人卫生习惯，勤洗手，戴口罩；避免接触已患呼吸道感染的患者；加强室内空气流通、保持室内环境清洁；合理营养，增加维生素和纤维素的摄入；增强体质，提高自身的免疫力。

（三）鹦鹉热衣原体

鹦鹉热衣原体引起的疾病称为鹦鹉热，又名鸟疫。

1. **传染源** 携带病菌的鹦鹉、家禽、野生水鸟和金丝雀等是主要的传染源。

2. **传播途径** 主要经飞沫和直接接触传播。

3. **职业易感人群** 禽类饲养人员以及从事禽类加工和运输人员等。

4. **临床症状** 患者可出现发热、头痛，干咳、心律失常、休克、肝脾肿大等症状。

5. **预防方法** 加强禽类、鸟类的管理；养成良好个人卫生习惯，勤洗手，戴口罩；加强室内空气流通、保持室内环境清洁；合理营养，增加维生素和纤维素的摄入；增强体质，提高自身的免疫力。

五、支原体

（一）肺炎支原体

肺炎支原体主要引起支原体肺炎。

1. **传染源**　患者和无症状携带者是主要传染源。

2. **传播途径**　飞沫或气溶胶传播是主要传播途径，亦可通过直接接触传播。

3. **易感人群**　人群普遍易感，学龄前期和学龄期儿童是主要易感人群。

4. **临床症状**　患者发病初期有咳嗽、咽痛、全身无力、肌肉酸痛、食欲下降等症状。病情发展后咳嗽症状明显，常伴有呼吸困难、胸痛、淋巴结肿大等症状。病情严重患者可发展成为心肌炎、脑膜炎等疾病。

5. **预防方法**　养成良好个人卫生习惯，勤洗手，戴口罩；避免接触已患呼吸道感染的患者；避免共用洗浴用具；加强室内空气流通、保持室内环境清洁；易感人群可进行免疫接种；合理营养，儿童可以口服钙剂和维生素 A、维生素 D，增加户外日照时间；锻炼体质，提高自身的免疫力。

六、立克次体

（一）恙虫病立克次体

恙虫病立克次体主要引起恙虫病或称丛林斑疹伤寒。恙虫病最早发现于日本，为日本的一种地方病，亦称为"日本河川热"。

1. **传染源**　鼠类是主要传染源。

2. **传播途径**　恙螨幼虫叮咬传播是主要传播途径。

3. **职业易感人群** 农业从业人员、伐木工人、修路工人、户外勘探人员、野外军事训练等属于职业易感人群。

4. **临床症状** 恙虫病起病迅速，体温可达 39 ～ 41℃，常伴有畏寒、头部剧痛、全身无力、食欲缺乏、恶心、呕吐等症状。病情加重，可出现鼻腔出血、胃肠道出血。

5. **预防方法** 加强个人防护，减少皮肤暴露，不在野外草地、树林等环境中长时间坐卧，暴露的皮肤涂抹驱避剂；对居住环境进行灭恙螨、灭鼠、清除杂草；增强体质，提高自身的免疫力。

（二）Q 热立克次体

Q 热立克次体亦称 Q 热柯克斯体、伯氏柯克斯体，主要引起急性传染病 Q 热（图 1-10）。

1. **传染源** 牛、羊、马、犬等是 Q 热的主要传染源。

2. **传播途径** 呼吸道传播是主要途径；直接接触和消化道传播是次要途径。

3. **职业易感人群** 禽畜饲养人员、屠宰人员、兽医、宠物店工作人员等属于职业易感人群。

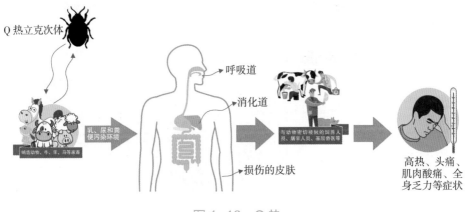

图 1-10 Q 热

4. **临床症状** 患者多表现为高热、头痛、肌肉酸痛、全身乏力等症状，重症患者常伴发肺炎、肉芽肿性肝炎、心脏损害、神经系统症状。

5. **预防方法** 加强个人防护，避免皮肤暴露，暴露的皮肤涂抹驱避剂；畜牧和乳制品行业人员应戴口罩；对居住环境进行灭蜱、灭鼠；增强体质，提高自身的免疫力。

七、真菌

（一）皮肤癣菌

皮肤癣菌是浅部真菌病的主要致病菌种，主要引起皮肤真菌感染（图 1-11）。

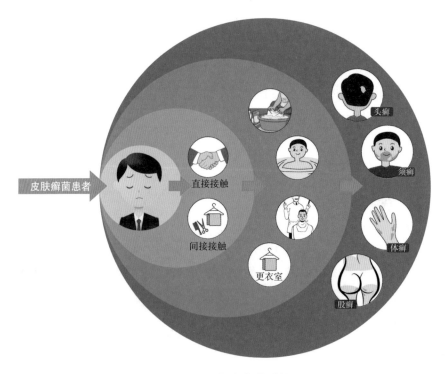

图 1-11　皮肤真菌感染

1. **传染源** 受感染的人和动物以及污染物品是主要的传染源。

2. **传播途径** 通过直接接触的方式引起直接感染，通过接触被污染的衣物，公共浴池洗澡及使用公共浴巾、不洁理发用品等可引起间接感染。

3. **职业易感人群** 公共场所营业员、车间工人、洗衣工等属于职业易感人群。

4. **临床症状** 皮肤癣菌病常见以下几种类型：

（1）**头癣：**可以没有明显的症状，或是发生脓癣并伴有疼痛症状。偶有斑片状脱发、断发、脱屑、炎症等特征性表现。

（2）**须癣：**可有瘙痒、疼痛，并可伴有脱屑、红斑、脓癣、胡须脱落等症状。

（3）**体癣：**没有明显症状或是伴有轻微的瘙痒。其红斑、丘疹逐渐向外进行扩展为环状、弓状，边界清晰，中央逐渐消退，伴有脱屑或水泡等症状。

（4）**股癣：**可无明显症状，或在发生皮肤摩擦后有瘙痒刺激等表现，常在腹股沟、大腿内侧对称分布，有清晰的边界，皮损范围常常蔓延至股沟、臀部。

5. **预防方法** 增强体质，提高机体的免疫力；养成良好个人卫生习惯，勤洗手，保持皮肤清洁、干爽；避免共用毛巾、洗浴用品。

（二）白念珠菌

白念珠菌又称假丝酵母菌，当机体免疫功能或一般防御力下降时，可引起皮肤念珠菌病、黏膜念珠菌病和内脏及中枢神经念珠菌病（图 1-12）。

1. **传染源** 患者、带菌者以及被污染的食物、水等均为传染源。

2. **传播途径** 主要通过性接触、母婴途径、水中作业等方式进行传播；也可通过医护人员和医疗器械接触感染；还可通过饮

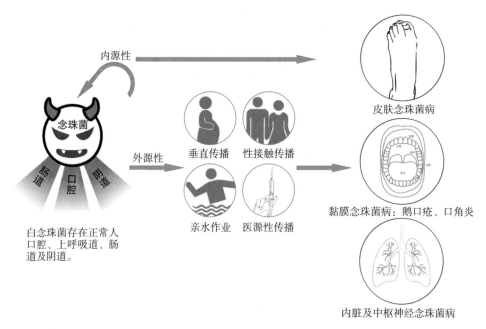

内源性

念珠菌

肠道 口腔 阴道

白念珠菌存在正常人口腔、上呼吸道、肠道及阴道。

外源性

垂直传播 性接触传播

亲水作业 医源性传播

皮肤念珠菌病

黏膜念珠菌病：鹅口疮、口角炎

内脏及中枢神经念珠菌病

图 1-12　皮肤念珠菌病

水、食物等方式传播。

3. **职业易感人群**　涉水作业人员和医护行业人员属于职业易感人群。

4. **临床症状**　白念珠菌主要引起以下临床症状：

（1）**皮肤念珠菌病：**皮肤变红、湿润、透亮，上有一层白色裂状物，病变周围有小水泡。常见于腹股沟、胸部、肛周和指间等部位。

（2）**黏膜念珠菌病：**嘴角、阴道黏膜表面出现大小不等的白色薄膜，剥除薄膜可见潮红基底，并产生裂隙及浅表溃疡。

（3）**内脏及中枢神经念珠菌病：**症状与肺炎、肠胃炎、心内膜炎等疾病类似，偶发败血症。

5. **预防方法**　增强体质，提高自身的免疫力；养成良好个人卫生习惯，勤洗手；避免高危性行为，正确使用安全套；避免共用毛巾、洗浴用品；勤换洗内衣裤，对衣物进行清洗消毒。

（三）新型隐球菌

新型隐球菌又名溶组织酵母菌，主要引起隐球菌病（图 1-13）。

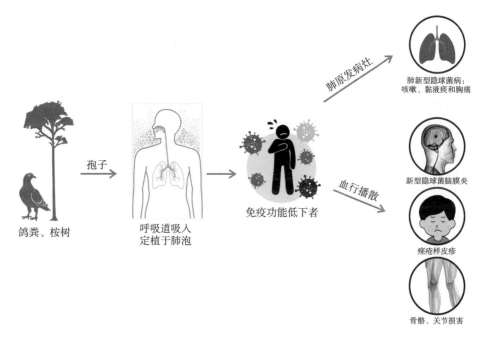

肺原发病灶

肺新型隐球菌病：
咳嗽、黏液痰和胸痛

孢子

呼吸道吸入
定植于肺泡

免疫功能低下者

血行播散

新型隐球菌脑膜炎

痤疮样皮疹

鸽粪、桉树

骨骼、关节损害

图 1-13　隐球菌病

1. **传染源**　鸽粪是最重要的传染源。

2. **传播途径**　主要通过呼吸道、皮肤和消化道途径进入人体。

3. **易感人群**　艾滋病患者、肿瘤患者、慢性病患者和长期使用激素或抗肿瘤药物者易发生隐球菌感染。

4. **临床症状**　隐球菌病临床表现轻重不一，主要有以下症状：

（1）**中枢神经系统新型隐球菌病**：患者早期症状不明显，常有头痛、恶心、情绪不佳等表现，查体可发现走态不稳，颈部强直、下肢弯曲等体征。

（2）**肺新型隐球菌病：**患者出现低热、无力、咳嗽和体重下降等症状。

（3）**皮肤新型隐球菌病：**患者皮肤出现痤疮样皮疹，皮疹破溃可形成溃疡或瘘管。

（4）**骨骼、关节新型隐球菌病：**患者出现骨关节肿胀、疼痛等症状，如出现溶骨性病变时，通常以冷脓肿形式出现，并可累及皮肤。

5. **预防方法** 增强体质，提高自身的免疫力；加强鸟、鸽粪便的管理，避免直接接触；饲养人员应戴口罩；避免长期服用激素类药物；养成良好个人卫生习惯，勤洗手；忌食腐烂变质的梨、桃等水果。

第二节 寄生虫因素

一、疟原虫

疟原虫主要引起疟疾，俗称"打摆子"（图1-14）。

1. **传染源** 患者或无症状带虫者是主要传染源。

2. **传播途径** 按蚊叮咬或输入带疟原虫的血液是主要传播途径；亦可通过母婴传播。

3. **职业易感人群** 人对疟疾普遍易感。种植园工人和伐木工人等户外工作人员是主要职业易感人群。

4. **临床症状** 典型的疟疾临床过程主要有以下四个期：

（1）**潜伏期：**无明显症状。

（2）**发冷期：**患者出现畏寒、发热、身体发抖、牙齿打颤等症

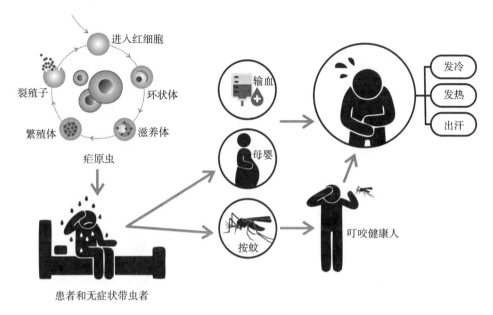

图 1-14　疟疾

状，同时伴有口唇和指甲变青紫色、面容苍白、全身酸痛等体征。

（3）**发热期：**患者体温上升，可达 40℃ 以上。出现烦躁、身体抽搐、神志不清等症状。

（4）**出汗期：**患者全身大汗淋漓，体温降至正常体温，各种症状消失。

5. **预防方法**　对居住环境进行防蚊、灭蚊，清除垃圾、杂草，消除积水；进入疫区人员可进行预防性服药，提倡使用蚊帐；增强体质，提高自身的免疫力。

二、杜氏利什曼原虫

杜氏利什曼原虫主要引起内脏利什曼病或黑热病（图 1-15）。

1. **传染源**　患者与病犬为主要传染源。

2. **传播途径**　雌性白蛉叮咬是主要传播途径。

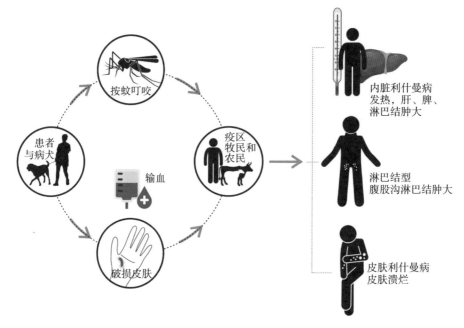

图 1-15　利什曼病

3. **职业易感人群**　人群普遍易感。农牧民受感染的机会较大。

4. **临床症状**　患者出现畏寒、发热、食欲下降、乏力、头晕等症状；脾、肝及淋巴结肿大；肘、膝及手腕关节部位皮肤溃疡。

5. **预防方法**　加强防蛉措施，避免白蛉叮咬，对居住环境进行消毒，杀灭白蛉；避免直接接触患者或病犬；提倡使用蚊帐；增强体质，提高自身的免疫力。

三、似蚓蛔线虫

似蚓蛔线虫简称蛔虫，主要引起蛔虫病（图 1-16）。

1. **传染源**　患者和无症状携带者是主要传染源。

2. **传播途径**　粪－口传播是蛔虫病的主要传播途径。

3. **职业易感人群**　人群对蛔虫普遍易感。农业从业人员受感染的机会较大。

病人和无症状携带者是主要传染源

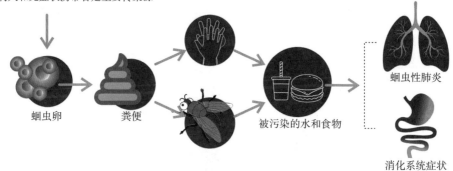

蛔虫卵　　粪便　　被污染的水和食物　　蛔虫性肺炎　　消化系统症状

图 1-16　蛔虫病

4. 临床症状　人体感染蛔虫，幼虫期可出现畏寒、发热、咳嗽、气喘和喉部异物感等症状。成虫期可出现脐周阶段性疼痛或上腹部绞痛、腹泻或便秘、食欲下降等症状。

5. 预防方法　养成良好饮食和个人卫生习惯，饭前、便后洗手，不留长指甲，不食生冷食品，洗净蔬菜及瓜果，不喝生水；改善居住环境卫生，消灭苍蝇、蟑螂。

四、华支睾吸虫

华支睾吸虫，又称肝吸虫，华肝蛭；主要引起华支睾吸虫病，又称肝吸虫病（图 1-17）。

1. 传染源　患者和无症状携带者以及受感染家畜和野生动物是主要传染源。

2. 传播途径　粪－口传播是肝吸虫病的主要传播途径。

3. 职业易感人群　人群对华支睾吸虫普遍易感。渔民和厨师

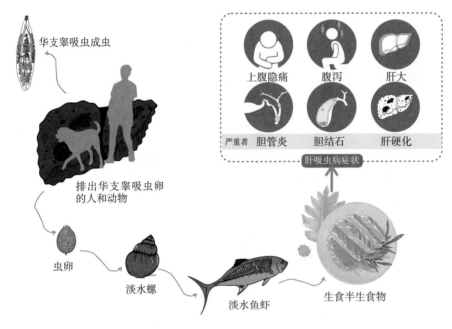

华支睾吸虫成虫

排出华支睾吸虫卵的人和动物

虫卵

淡水螺

淡水鱼虾

生食半生食物

上腹隐痛　　腹泻　　肝大

严重者　胆管炎　　胆结石　　肝硬化

肝吸虫病症状

图 1-17　华支睾吸虫病

是主要职业易感人群。

4. **临床症状**　患者出现全身无力、腹部不适、食欲下降、腹泻、肝区隐痛等症状。常见左叶肝肿大，有轻度压痛，严重感染者伴有头晕、消瘦和贫血等症状，在晚期可造成肝硬化、腹水，甚至死亡。

5. **预防方法**　养成良好饮食习惯，食用煮熟的鱼虾，厨具分生熟使用；养成良好个人卫生习惯，勤洗手；改善居住环境卫生，加强粪便管理，防止水污染。

五、血吸虫

血吸虫主要引起血吸虫病（图 1-18）。

1. **传染源**　患者及患病耕牛、羊、猪、犬等是主要传染源。

2. **传播途径**　血吸虫尾蚴钻进皮肤侵入人体是主要的传播途径。

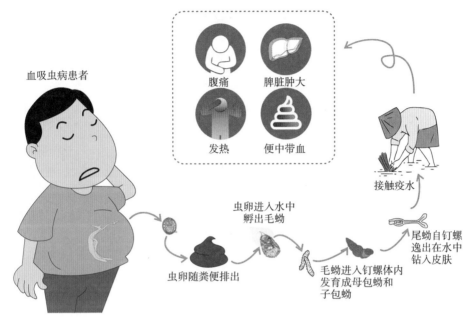

图 1-18　血吸虫病

3. 职业易感人群　人群普遍易感。从事农业和渔业作业人员是主要职业易感人群。

4. 临床症状　可出现发热、咳嗽、胸痛、血痰、带血或黏液样大便和脾肿大等症状。

5. 预防方法　避免在野外湖水、池塘、水渠里游泳、戏水；易感人群在接触疫水前涂抹防护用品，穿戴防护用具，过后需进行必要检查；可预防性服用青蒿琥酯；养成良好饮食习惯，不喝生水；改善居住环境卫生，加强粪便管理，防止水污染。

六、钩虫

钩虫主要引起钩虫病（图 1-19）。

1. **传染源**　患者和带虫者是主要传染源。

2. **传播途径**　主要通过皮肤与粪 - 口途径进行传播。

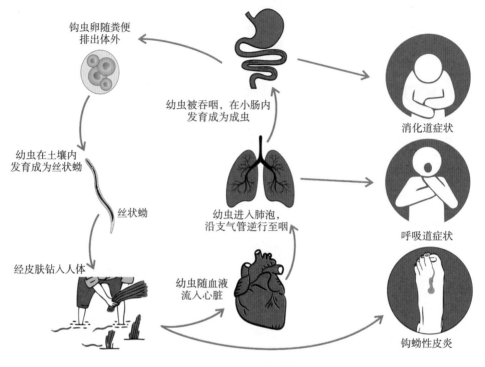

钩虫卵随粪便排出体外

幼虫被吞咽，在小肠内发育成为成虫

幼虫在土壤内发育成为丝状蚴

丝状蚴

幼虫进入肺泡，沿支气管逆行至咽

经皮肤钻入人体

幼虫随血液流入心脏

消化道症状

呼吸道症状

钩蚴性皮炎

图 1-19　钩虫病

3. **职业易感人群**　人群普遍易感，从事农业和矿山作业的人员是主要职业易感人群。

4. **临床症状**　幼虫经皮肤进入机体后，患者皮肤表面出现红色点状丘疹或小泡疹，伴有烧灼感、瘙痒、腹股沟和腋窝部淋巴结肿大及疼痛等症状。俗称"粪毒""粪疙瘩"，一般经结痂、蜕皮而自愈。幼虫进入肺部后，可出现咽部瘙痒、咳嗽、畏寒、发热、咯血及类哮喘样发作等症状。体内成虫可引起上腹部和脐周持续性、弥散性腹痛，还可导致贫血、黑色粪便和机体消瘦等症状。少数钩虫患者有"异嗜症"，喜欢吃泥土、粉笔、煤灰、生米等。

5. **预防方法**　养成良好饮食和个人卫生习惯，饭前、便后洗手，不食生冷食品，洗净蔬菜及瓜果，不喝生水；从事农业作业需穿戴防护鞋具，避免与土壤直接接触；改善居住环境卫生，加强粪便管理，防止水污染。

第三节 动植物及其生物活性物质因素

一、有机粉尘

有机粉尘包括来自动物毛发、羽毛，植物茎、叶、种子、花粉等（图 1-20）。

图 1-20　有机粉尘

（一）过敏性肺炎

1. **疾病类型**　常见疾病类型有："农民肺""蘑菇肺""蔗渣肺"和"饲鸽者肺"等。

2. **职业易感人群**　从事棉、麻、谷物、亚麻、甘蔗、茶叶、烟草等收割加工和运输储藏、家禽养殖、奶制品生产加工、温室大棚种植、蘑菇栽培等为职业易感人群。

3. **临床表现**　根据病例改变的不同及先后可分为急性期、亚急性期和慢性期。急性期出现畏寒、发热、呼吸不畅、咳嗽、两肺可闻及湿啰音等症状和体征。大多数患者停止接触粉尘后，症状可逐渐缓解；再次接触，症状再次出现，表现为亚急性期。慢性期主要表现为呼吸困难加重、出现持续性咳嗽、咳痰，肺部弥漫性肺间质纤维化，并发心、肺功能下降。

4. **预防方法**　加强个人防护，佩戴防护口罩，在蘑菇采摘时，站在上风处操作，减少单次作业时间。

（二）有机粉尘毒性综合征

1. **疾病类型**　常见疾病类型有："枯草热""谷物热""纱厂热"等。

2. **职业易感人群**　从事谷物、甘蔗、茶叶、烟草等收割加工和运输储藏、林木砍伐加工等为职业易感人群。

3. **临床表现**　患者出现畏寒、发热、关节疼痛、头痛、干咳、胸闷和胸痛等症状。

4. **预防方法**　佩戴防尘口罩，减少接触过敏原；增强体质，提高自身免疫力。

（三）棉尘病

1. 职业易感人群 从事棉、麻、谷物、亚麻等收割加工和运输储藏行业人群为职业易感人群。

2. 临床表现 患者胸部发紧或有胸部紧束感，伴有咳嗽、发热、畏寒、恶心、全身无力等症状。星期一症状是棉尘肺的主要特征之一，患者在休息 24 小时或 48 小时后，第一天上班接触棉麻粉尘数小时后，出现胸部紧束感、气急、咳嗽、畏寒、发热等症状，故也称为"星期一症状"。

3. 预防方法 加强个人防护，佩戴双层防尘口罩，加强工作环境通风换气；增强体质，提高自身免疫力。

二、生物毒素

生物毒素是指生物来源并不可自复制的有毒化学物质，包括动物、植物、微生物产生的对其他生物物种有毒害作用的化学物质。

（一）动物毒素

1. 河豚中毒 引起中毒的河豚毒素是一种神经毒素，煮沸、盐腌、日晒均不能将其破坏。

（1）**临床症状**：发病急速而剧烈，患者早期感觉手指、口唇和舌有刺痛，继而出现恶心、呕吐、腹泻等胃肠症状。病情发展后出现口唇、指尖和肢端知觉麻痹，全身发冷并有眩晕。最后出现说话不清、血压和体温下降，常因呼吸麻痹、循环衰竭而死亡。

（2）**预防方法**：必须经专业人员进行加工，清除毒素；河豚 100℃处理 24 小时或 120℃处理 60 分钟；不吃河豚是最好的预防方法。

2. 鱼类引起的组胺中毒 鱼类引起组胺中毒的主要原因是食用了某些不新鲜的鱼类（如鲣鱼、鲐鱼、金枪鱼、秋刀鱼等）导致的一种过敏性食物中毒。

（1）**临床症状：** 患者误食不新鲜鱼类后出现头痛、头晕、恶心、腹痛、面部、胸部及全身皮肤潮红和热感等症状，可伴有心率过快、血压下降、甚至心搏骤停。

（2）**预防方法：** 只吃新鲜鱼类；对于易产生组胺的青皮红肉鱼类，烹饪时可加入适当的少许醋、雪里蕻或山楂。

3. 麻痹性贝类中毒 麻痹性贝类中毒是由贝类毒素引起的食物中毒。

（1）**临床症状：** 患者早期出现口唇、牙龈和舌头周围刺痛，继而出现指尖和脚趾的麻木，逐渐发展到手臂、腿部和颈部；可伴有头痛、头晕，恶心和呕吐等症状。

（2）**预防方法：** 在正规市场采购贝类产品；食用贝类时要清洗干净，去除消化腺等内脏，适量食用。

（二）植物毒素

1. 毒蕈中毒 蕈类通常称蘑菇，常因误食毒蕈而中毒。

（1）**临床症状：** 患者一般出现剧烈呕吐、阵发性腹痛、流涎、流泪、大量出汗和瞳孔缩小等症状。少数病情严重者出现神志不清、胡言乱语、呼吸抑制等表现。亦可引起急性溶血，出现血红蛋白尿。

（2）**预防方法：** 不随便采食野蕈，不食用色彩鲜艳、奇形怪状的野蕈；避免与酒同食。

2. 含氰苷类食物中毒 含氰苷类食物中毒是指因食用苦杏仁、桃仁、李子仁、木薯等含氰苷类食物引起的食物中毒。

（1）**临床症状：** 患者症状是由于机体缺氧引起。常表现为头晕、头痛、恶心、流涎、流泪、晕迷、抽搐、意识不清、瞳孔散大等症状。

（2）**预防方法：**不生吃各种苦味果仁和木薯；加水煮沸去毒。

3. **棉酚中毒** 食用未经精炼的粗制棉籽油可引起中毒。

（1）**临床症状：**急性棉酚中毒患者出现恶心呕吐、腹胀腹痛、头晕、四肢麻木等症状，病情发展可出现肺水肿、黄疸、肾功能损害，最后可因呼吸循环衰竭而死亡。如长期食用粗制棉籽油，可出现全身疲乏无力、皮肤瘙痒伴有烧灼感、四肢麻木、呼吸不畅、胸闷等症状。亦可对生殖系统造成损害，导致不育症。

（2）**预防方法：**购买食用精炼棉籽油。

（王剑　马小莉）

第二章

突发生物安全事件与职业防护

生物安全是指生物性的传染媒介通过直接感染或间接破坏引起环境改变，从而对人类和动植物产生真实或者潜在的危险。职业防护是指职业人群在工作过程中使用的个体防护用品和设施，用于规避减轻职业危害。本章将对常用防护用品及其使用场景和使用方法，常见病媒生物控制方法，以及生物安全防护设备使用方法进行介绍。

第一节 常用防护用品、使用场景和使用方法

职业场所常用的个人防护用品主要包括防护口罩、防护眼镜/防护面罩、防护手套、防护帽、隔离衣/防护服和防护鞋套等，用于在生物安全突发事件中保护职业人群避免接触感染物质。使用个人防护用品的关键在于要懂得其使用场景、防护特点和防护性能，同时训练使用者掌握正确使用方式。下面介绍常用防护用品及其使用场景和使用方法（图 2-1）。

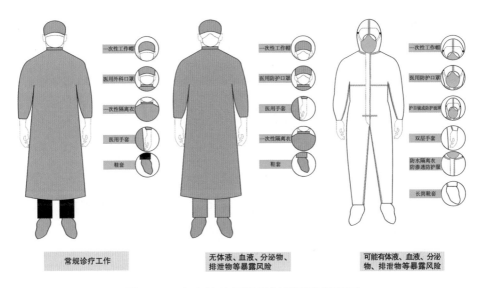

常规诊疗工作　　　无体液、血液、分泌物、　　　可能有体液、血液、分泌
　　　　　　　　　排泄物等暴露风险　　　　物、排泄物等暴露风险

图 2-1　个人防护用品及其常见使用场景

一、防护口罩

口罩是最常见的呼吸防护用品，可阻止血液、体液等喷溅进入口腔、鼻腔，造成接触传播，避免接触呼吸道相关感染性物质。美国 NIOSH（美国国家职业安全卫生研究所）根据过滤效果（95%、99% 和 99.97%）和过滤器的耐油性（N、R 和 P），将过滤式面罩呼吸器分为九类。欧洲标准（EN149：2001）将过滤式面罩呼吸器按过滤效率分为三类：FFP1、FFP2 和 FFP3（分别为 80%、94% 和 99%）（图 2-2）。

1. **流行病学调查人员**　对密切接触者进行调查时，穿戴一次性工作帽、医用外科口罩、工作服、一次性手套。对疑似、确诊病例和无症状感染者调查时，建议穿戴工作服、一次性工作帽、一次性手套、防护服、KN95/N95 及以上颗粒物防护口罩或医用防护口罩、防护面屏或护目镜、工作鞋或胶靴、防水靴套等。

2. **隔离病区及医学观察场所工作人员**　建议穿戴工作服、一次

 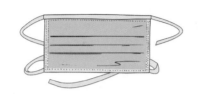 

医用防护口罩　　　　　　　医用外科口罩　　　　　　一次性使用医用口罩

图 2-2　常见的口罩类型

性工作帽、一次性手套、防护服、医用防护口罩或动力送风过滤式呼吸器、防护面屏或护目镜、工作鞋或胶靴、防水靴套等。

3. **病例和无症状感染者转运人员**　建议穿戴工作服、一次性工作帽、一次性手套、防护服、医用防护口罩或动力送风过滤式呼吸器、防护面屏或护目镜、工作鞋或胶靴、防水靴套等。

4. **尸体处理人员**　建议穿戴工作服、一次性工作帽、一次性手套和长袖加厚橡胶手套、防护服、KN95/N95 及以上颗粒物防护口罩或医用防护口罩或动力送风过滤式呼吸器、防护面屏、工作鞋或胶靴、防水靴套、防水围裙或防水隔离衣等。

5. **环境清洁消毒人员**　建议穿戴工作服、一次性工作帽、一次性手套和长袖加厚橡胶手套、防护服、KN95/N95 及以上颗粒物防护口罩或医用防护口罩或动力送风过滤式呼吸器、防护面屏、工作鞋或胶靴、防水靴套、防水围裙或防水隔离衣，使用动力送风过滤式呼吸器时，根据消毒剂种类选配尘毒组合的滤毒盒或滤毒罐，做好消毒剂等化学品的防护。

6. **标本采集人员**　建议穿戴工作服、一次性工作帽、双层手套、防护服、KN95/N95 及以上颗粒物防护口罩或医用防护口罩或动力送风过滤式呼吸器、防护面屏、工作鞋或胶靴、防水靴套。必要时，可加穿防水围裙或防水隔离衣。

7. **实验室工作人员**　建议至少穿戴工作服、一次性工作帽、双层手套、防护服、KN95/N95 及以上颗粒物防护口罩或医用防护口罩或动力送风过滤式呼吸器、防护面屏或护目镜、工作鞋或胶靴、防水靴套。必要时，可加穿防水围裙或防水隔离衣。

（一）医用防护口罩的佩戴及摘除方法（图 2-3）

1. 佩戴前，实施手卫生，并仔细检查口罩包装是否完整无损。

2. 减少对口罩内外两面的污染，其中保证内面的洁净尤为重要。

3. 分清医用防护口罩的上下、内外：用于鼻处固定的金属条鼻夹位于上方、外侧。

4. 用一手托住口罩外侧，使口罩罩住鼻、口及下巴，同时金属条鼻夹贴合鼻梁。

5. 用另一手将口罩下方的系带拉向头顶后方，固定于颈后，

1 实施手卫生，检查口罩包装是否完整无损。

2 金属条鼻夹为口罩上方，托住口罩外侧，使口罩罩住鼻、口、下巴。

3 用另一只手将口罩下方的系带拉向头顶后方，固定于颈后，再将口罩上方的系带拉至头顶中部或后部。

4 根据鼻梁形状用双手手指压紧金属条鼻夹，使口罩与面部完全贴合。

5 直至吸气、吹气、均不漏气。

6 摘除口罩后，将口罩扔至医疗废物容器内（黄色垃圾桶），并及时实施手卫生。

图 2-3　医用防护口罩佩戴及摘除方法

再将口罩上方的系带拉至头顶中部或后部（若佩戴耳戴式口罩，则双手穿过两端口罩带，将口罩带放至耳根处），根据鼻梁形状用双手手指压紧金属条鼻夹，使口罩紧贴面部，直至吸气、吹气均不漏气。

6. 摘除口罩时，双手勿接触口罩的外侧污染面，对于头颈戴式口罩，系带解开顺序为先颈后再头部；对于耳戴式口罩，双手摘取耳后口罩带，手指仅捏住口罩带，扔至医疗废物容器内，并及时实施手卫生。

（二）一次性使用医用口罩佩戴及摘除方法（图 2-4）

1. 佩戴前，实施手卫生。

2. 减少对口罩内外两面的污染，其中保证内面的洁净尤为重要。

3. 使用前仔细检查口罩包装是否完整，口罩表面不得有破损、油污斑渍等，且金属条鼻夹应具有足够强度，能固定口罩位置。

1 实施手卫生，检查口罩包装是否完整无损。

2 金属条鼻夹的一端为口罩上方，深色面为外侧，浅色面为内侧。

3 将口罩罩住鼻、口及下巴，将两边的口罩带挂于双耳后。

4 拉开口罩的褶皱。

5 根据鼻梁形状用双手手指压紧金属条鼻夹。

6 摘除口罩后扔至垃圾桶内，并及时实施手卫生。

图 2-4　一次性使用医用口罩佩戴及摘除方法

4. 正确理解口罩的佩戴方位，金属条鼻夹处于口罩上方，深色面为外面，浅色面为内面。

5. 将口罩罩住鼻、口及下巴，将两边的口罩带挂于双耳后。

6. 拉开口罩的褶皱，根据鼻梁形状用双手手指压紧金属条鼻夹，使口罩紧贴面部，再适当调整系带的松紧。

7. 摘除口罩时，双手勿接触口罩的外侧污染面，对于头颈戴式口罩，系带解开顺序为先颈后再头部；对于耳戴式口罩，双手摘取耳后口罩带，手指仅捏住口罩带，弃于垃圾桶，并及时实施手卫生。

（三）一次性使用医用口罩注意事项

1. 一次性使用。

2. 消毒过的口罩也不建议重复使用。

二、防护眼镜和防护面罩

防护眼镜也被称为护目镜，用于保护人体眼部免受体液（血液、组织液等）、分泌物、排泄物等的溅入。医用防护面罩用于保护人体面部免受体液（血液、组织液等）、分泌物、排泄物等的沾溅（图 2-5）。

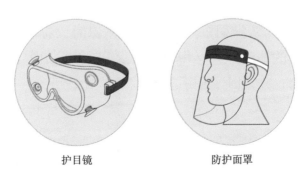

护目镜　　　　　　　　　防护面罩

图 2-5　护目镜与防护面罩

有研究表明，与新型冠状病毒传染源接触的情况下，若不进行对眼部的防护措施，被感染的风险为 16.0%，而若使用护目镜等设备对眼部进行保护，被感染的风险则降至 5.5%。

护目镜和防护面罩具有相似作用，选择其中的一种佩戴即可，若同时佩戴，会对操作视野造成影响，反而增加了操作难度。

进入污染区域或进行诊疗操作的职业人群应根据不同需求，选择不同类型护目镜或防护面罩进行佩戴。

（一）护目镜与防护面罩应用指征

以下列举几种需要选择护目镜与防护面罩进行防护的情况：进行职业操作时，预测到血液、体液、分泌物等可能发生喷溅；需要近距离接触传染病患者且患者可进行飞沫传播时；医务人员为呼吸道传染病进行气管切开、气管插管等近距离操作，可能导致患者血液、体液、分泌物喷溅的情况下；清洗去污区的工作人员；从事口腔诊疗活动的医务人员。

（二）护目镜与防护面罩使用方法

1. 佩戴前，实施手卫生，检查护目镜完整度（是否存在崩边、裂纹等情况）。

2. 双手佩戴，调节松紧和舒适度，检查是否存在松动的情况。

3. 护目镜与防护面罩用完后进行摘除时，应避免沾上护目镜与防护面罩上的体液、分泌物和排泄物等，摘除后应放入回收或医疗废物容器内，并及时实施手卫生。

三、防护手套

防护手套不仅可以防止工作环境中的污染性物质接触工作人

员，也可以防止工作人员手上的污染物质转移给其他人（图 2-6）。根据材质的不同，防护手套可分为聚乙烯手套、乳胶手套、丁腈手套和橡胶手套等（图 2-7）。

图 2-6　防护手套的作用

聚乙烯手套　　乳胶手套　　丁腈手套　　橡胶手套

图 2-7　常见的防护手套类型

（一）无菌手套的佩戴方法（图 2-8）

1. 实施手卫生或外科手消毒。

2. 根据使用者实际需要选择合适大小的手套，确认手套外包装是否严密，以及手套是否仍处于有效期内。

3. 打开手套包装，单手掀起包装开口处，另一手捏住手套翻折部分（手套内面）取出手套，五指对准进行佩戴。

4. 同样的方法掀起另一袋口，用戴着无菌手套的手指插入另一只手套的翻边内面，将手套戴好。

实施手卫生，检查手套完整性。打开手套包装，一手掀起包装的开口处，另一手捏住手套翻折部分（手套内面）取出手套。

对准五指戴上一只手套。

同时掀起另一只袋口，以戴着无菌手套的手指插入另一只手套的翻边内面，将另一只手套戴好。

图 2-8　无菌手套的佩戴方法

5. 将手套与工作衣袖外面进行包裹固定。

6. 双手对合，交叉调整手套位置。

（二）无菌手套的脱除方法（图 2-9）

1 用戴着手套的一手捏住另一只手套污染面（外面）的手腕部边缘。

2 将手套翻转。

3 将手套脱下。

4 再以脱下手套的手插入另一只手套的清洁面（内面）。

5 另一只手套往下翻转脱下。

6 用手捏住手套的清洁面（内面）将手套弃置于医疗废物容器内，并及时实施手卫生。

图 2-9　无菌手套的脱除方法

1. 用戴着手套的一手捏住另一只手套污染面（外面）的手腕部边缘，将手套翻转脱下。

2. 脱下手套的手插入另一只手套的内面，将其往下外翻脱下。

3. 用手捏住手套内面，弃置于医疗废物容器内，并及时实施手卫生。

（三）使用无菌手套的注意事项

1. 戴手套后如发现手套破损或疑似破损，应立即更换。

2. 在医务人员进行诊疗操作时，从同一患者身上的污染部位（包括不完整皮肤、黏膜或植入医疗设备处）移到清洁部位时应对手套进行更换。

3. 医务人员在接触患者及其周围环境的污染部位之后，应更换手套。

（四）减少污染风险的措施

脱手套时应使其完全翻折脱下（手套外面为污染面）；脱手套时禁止用力拉扯（防止表面污染物飞溅，增加感染的可能性），应轻柔缓慢。

佩戴手套不能代替洗手，操作结束后脱去手套，应按照规定程序和方法实施手卫生，必要情况下进行手消毒。

四、防护帽

医用防护帽具有防止头颈部皮肤、头发受到感染性物质污染的作用，并能预防感染性物质通过头发上的灰尘、头皮屑等播散污染周围人员、环境和物体表面。

（一）医用防护帽的佩戴及脱除方法

1. 将头发束好后，实施手卫生，选择大小适宜的防护帽，将防护帽从包装中取出，把防护帽完全展开，检查防护帽是否完好、有无污染以及破损。

2. 将双手放进防护帽内腔，完全撑开防护帽套在头上。

3. 调整防护帽完全包住头部，尽量将头发全部包裹在内，充分遮盖头部及发际线的毛发，最后调整防护帽位置，医用帽收口的两端必须置于两侧耳部。

4. 脱医用防护帽时，手指伸进帽子内的耳后内侧，将帽子内面朝外取下，弃置于医疗废物容器内，及时实施手卫生。

（二）医用防护帽使用的注意事项

1. 进入污染区或进入洁净环境前及进行无菌操作时均应戴防护帽，受污染后及时更换防护帽。

2. 布料材质的防护帽应注意清洁换洗；一次性医用帽不得重复使用，用完应及时废弃。

五、隔离衣和防护服

医用隔离衣和医用防护服具有相似防护功能，应根据使用情景选择其中之一使用。医用隔离衣可保护职业人群免受感染性疾病患者体液、分泌物和排泄物喷溅的污染。医用防护服具有阻隔与防护作用，可有效阻隔具有潜在感染性患者的体液、分泌物和空气中颗粒物等（图 2-10）。

（一）穿医用隔离衣的方法（图 2-11）

1. 将衣帽穿戴整齐，取下手表，卷袖过肘，实施手卫生。

医用隔离衣

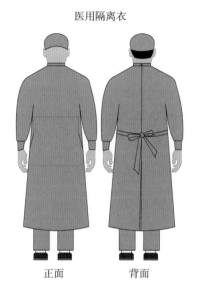

正面　　　　背面

医用防护服

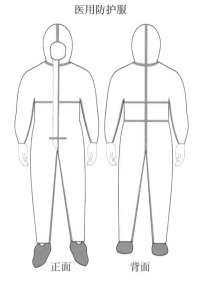

正面　　　　背面

图 2-10　医用隔离衣与医用防护服

右手持衣领，左手伸入衣袖内，右手将衣领向上拉，使左手露出袖口。

左手持衣领，右手伸入衣袖内，左手将衣领向上拉，使右手露出袖口。

两手持衣领，由前向后理顺领边扣上领口，再扣好袖口或系袖带。

松开腰带活结，将隔离衣一侧衣缝（约腰带下 5 厘米处）向前拉，见衣边后捏住隔离衣外表面，再依法捏住另一侧边缘。

两手在背后将边缘对齐，向一侧折叠，按住折叠处。

将腰带在背后交叉至前面打活结。

图 2-11　穿医用隔离衣的方法

2. 手持隔离衣的衣领将其取出，确认隔离衣完整度，如发现破损或渗漏应及时更换新的完整的隔离衣。

3. 将隔离衣的污染面向外，露出肩袖内口，使清洁面朝向自己。

4. 右手持衣领，左手伸入衣袖内，将衣领向上拉，使左手露出袖口。

5. 用上述方法使右手露出袖口。

6. 双手持衣领，由前向后理顺领边，依次扣上领扣、袖口或系袖带。

7. 解开腰带活结，一只手将隔离衣一侧衣缝（约腰带下 5 厘米处）向前拉，见到衣边后捏住隔离衣外表面，再依法捏住另一侧边缘，注意手勿触碰到隔离衣内面。

8. 两手在背后将边缘对齐，向一侧折叠，按住折叠处，将腰带在背后交叉至前面打活结。

（二）脱医用隔离衣的方法

1. 解开腰带，在前面打一个活结。

2. 解开袖口，在肘部以上将部分袖口塞入工作服衣袖内，暴露前臂。

3. 脱手套并实施手卫生。

4. 解开衣领后方的系带。

5. 右手伸入左手腕部袖内，拉下袖子过手，再用遮盖着的左手握住右手隔离衣袖子的外面，拉下右侧袖子，双手在袖内使袖子对齐、双臂逐渐退出。注意：脱卸时避免污染手部、脸面部皮肤，并避免脱卸时扬尘。

6. 左手握住领子，右手将隔离衣两边对齐，污染面向外悬挂于污染区；如果在污染区外悬挂，则污染面向里；不再使用时，将脱下的隔离衣，污染面向内，卷成包裹状，放置于医疗废物容器内或放入回收袋中。

7. 再次实施手卫生。

（三）穿医用防护服的方法（图 2-12）

1. 选择适合自己身型的防护服，实施手卫生。

2. 穿分体防护服时，穿衣顺序为先下衣后上衣，防护服裤腿避免接触地面；穿连体防护服时，应先拉开拉链，穿衣顺序同样为先下衣后上衣，避免裤腿接触地面。

3. 戴上防护服的帽子，最后拉上防护服拉链。

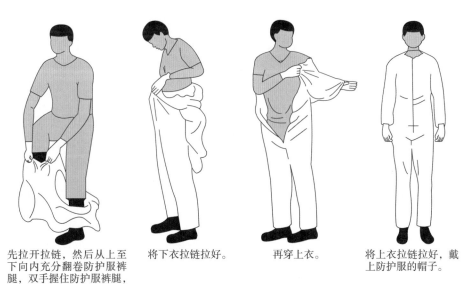

先拉开拉链，然后从上至下向内充分翻卷防护服裤腿，双手握住防护服裤腿，先穿下衣，切勿使防护服裤腿接触地面。

将下衣拉链拉好。

再穿上衣。

将上衣拉链拉好，戴上防护服的帽子。

图 2-12　穿连体医用防护服的方法

（四）脱医用防护服的方法

脱分体防护服时，先拉开上衣拉链，上提拉防护服的连体帽使其脱离头部，然后脱下手套后脱去衣袖和上衣，将上衣的污染面向

里后放入医疗废物袋中。脱下衣时，双手抓住下衣的内面，按照由上向下的顺序边脱边卷，从而使污染面向里，直至全部脱下，最后将下衣也弃置于医疗废物袋中，并及时实施手卫生。

脱连体防护服时，先拉开防护服的拉链，将防护服的连体帽向上提拉使其脱离头部，然后双手抓住防护服两侧肩部，将防护服褪至肩部以下，脱手套后再脱衣袖。双手抓住防护服的内面，由里向外、从上到下边脱边卷，从而污染面向里，直至全部脱下，最后将防护服及包裹其中的外层手套卷好弃置于医疗废物袋中，并及时实施手卫生。

六、防护鞋套

防护鞋套用于对工作人员的鞋、袜进行防护，避免有害物质（潜在感染性污染物和气溶胶、粉尘等）污染职业人群的足部、腿部，同时也保持环境的清洁。职业人群在室内接触体液、分泌物、排泄物和呕吐物等具有潜在感染性污染物时需使用医用防护鞋套；医务人员在以下情况需加穿防护鞋套：从潜在污染区进入污染区；从隔离／留观病房的缓冲间进入病室时。

在使用前，应检查鞋套完整性（防污、防水等性能）。在使用时，固定好鞋套松紧带以防在工作过程中脱落。使用过程中，鞋套如有破损应及时更换。使用结束后，将鞋套从内往外卷，脱掉后里面朝外，弃置于医疗废物袋中，并及时实施手卫生。

七、防护用品穿脱流程

防护用品穿戴应遵循以下流程：去除个人用品（首饰、手表等），长发须束好头发→实施手卫生→戴内层手套→戴防护帽→戴防护口罩→穿隔离衣或防护服→戴护目镜／防护面罩→穿鞋套→戴外层手套→认真检查全套防护装备，与同行人相互检查，确定没有遗漏和破损。

防护用品解除时应遵循以下流程：脱外层手套→摘除护目镜/防护面罩→脱隔离衣或防护服→脱鞋套→摘除口罩→摘除防护帽→脱内层手套→实施手卫生。

八、应急喷淋和洗眼设备

应急喷淋和洗眼设备在有毒有害物质（如化学液体等）喷溅工作人员身体、脸、眼或工作人员由于火灾衣物着火时使用，是一种应急救援设施，应急喷淋和洗眼设备可以对人的眼睛和身体进行紧急冲洗或冲淋，以降低伤害程度，是一种非常重要的公共安全应急装备，在我国的石化、化工、水泥、造纸、发电、制药、钢铁、涂料、食品加工、日化等行业以及各类化学和医学实验室使用广泛（图 2-13）。

化学物质入眼　　　有毒物质喷洒到脸上　　　身上着火

图 2-13　应急喷淋和洗眼设备的使用场景

根据用途，应急喷淋和洗眼设备可分为以下五种：用于紧急情况下进行全身冲淋的应急喷淋器；用于冲洗眼部的洗眼器；用于冲洗眼部和脸部的洗眼/洗脸器；由应急喷淋器、洗眼器或洗眼/洗脸器等组合成的复合式装置；对眼部和身体进行紧急冲洗的个人冲洗装置（图 2-14）。

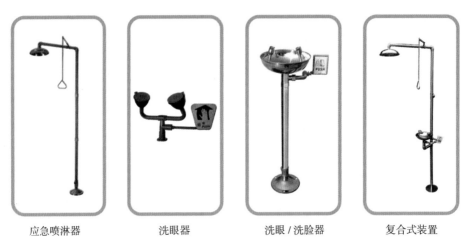

应急喷淋器   洗眼器   洗眼/洗脸器   复合式装置

图 2-14 应急喷淋和洗眼设备分类

（一）应急喷淋和洗眼设备注意事项

安装区域不宜过远（作业人员 10 秒内能够到达），并与可能发生危险的区域处于同一平面上，避免在前往设备的路线中障碍物的阻挡。根据受害人员的身体状况和情绪，使用范围内应具备良好的照明条件，设有明显的警示标志。

（二）应急喷淋和洗眼设备的使用方法

使用者迅速找到设备的阀门驱动器，在 1 秒内打开阀门，待冲洗液喷出后，对受损身体部位进行冲洗 15 分钟以上；使用完毕后，尽快关闭阀门。为确保符合冲洗液的卫生要求，使用完毕应尽快补充或替换冲洗液（图 2-15）。

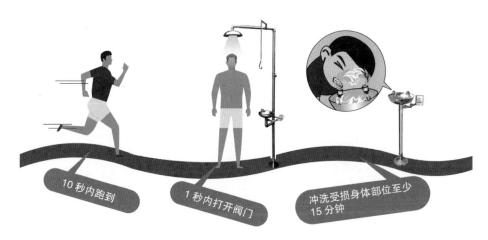

图 2-15　应急喷淋和洗眼设备的使用方法

 第二节　消毒和病媒生物控制技术

一、常用消毒剂及其使用方法

消毒剂是用于杀灭传播媒介上的微生物使其达到消毒或灭菌要求的制剂，通常也被称为化学消毒剂。消毒剂有多种分类方式，根据用途不同，可分为：物体表面消毒剂、医疗器械消毒剂、空气消毒剂、手消毒剂、皮肤消毒剂、黏膜消毒剂、疫源地消毒剂等（图 2-16）。

（一）消毒剂使用原则

1. 了解污染情况，选择适宜的消毒剂。

2. 运用合适的方法进行消毒，如擦拭法、喷雾法、浸泡法和熏蒸法。

| 84 消毒液 | 过氧乙酸 | 医用消毒酒精 |

| 碘伏 | 新洁尔灭消毒液 | 氯己定 |

图 2-16　常见消毒剂

3. 严格遵循消毒剂的使用方法，不得随意改变消毒剂的浓度及消毒时间。

4. 无特殊情况，不能混用消毒剂。

5. 若消毒剂不慎入眼，要立即使用清水冲洗，必要时尽快就医。

6. 使用消毒剂消毒后要及时通风，冲洗干净消毒的物品，避免人及家畜中毒。

（二）常用的消毒剂及其使用方法

1. **84 消毒液**　是一种以次氯酸钠为主要成分的含氯消毒剂，是具有刺激性气味的无色或淡黄色液体，有杀菌率高、杀菌种类多、价格低廉、购买方便、使用方便且方法简单、适用范围广等优点，被广泛应用于医院、学校、宾馆、食品加工行业、家庭等场所，地面、墙壁、门窗、家具、餐具、马桶、拖把等均可用其消毒。

（1）84 消毒液使用禁忌：84 消毒液具有一定的危险性，因此，在使用过程中须遵循一定的安全操作要求：密闭容器中保存，放置在阴凉、干燥、通风的环境中，避免阳光直射，远离火源、热源，且放置地方需远离儿童，避免儿童误服；不能用于消毒金属器械、油漆表面以及带色的物品，避免被其腐蚀或漂白；不可与洁厕灵等酸性物质合用（易引起氯气中毒）；稀释和消毒时保持通风；为避免残留，消毒完果蔬、餐具等物品后，用大量清水冲洗；消毒完成充分通风换气后才可长时间地进入室内。

（2）稀释84消毒液的方法：一般按瓶身使用说明进行操作。常用操作方法：将1瓶盖（10毫升）的84消毒液与1 000毫升水先后倒入盆中，缓慢搅拌，使二者混匀后即可使用。

2. 过氧乙酸消毒液　一种具有刺鼻气味的无色透明液体，易爆炸，可杀灭细菌、真菌、病毒和芽孢杆菌，属于高效消毒剂，适用于餐饮具及果蔬的消毒，以及室内空气消毒。

（1）过氧乙酸消毒液使用注意事项

1）过氧乙酸消毒液应盛装于塑料容器中，于通风、阴凉、避光处贮存。

2）使用过程中佩戴防护眼镜、手套和口罩。

3）操作时轻拿、轻放、轻倒，避免剧烈摇晃。

4）消毒后即刻用清水洗去残留。

5）在室内进行熏蒸消毒时，应撤离现场人群，消毒结束进行充分通风。

6）若容器出现破裂或渗漏现象，可用大量清水冲洗，也可用沙子吸收残液；若不慎接触皮肤，应用大量清水冲洗，严重者须及时就医。

（2）不同浓度的过氧乙酸溶液用途不同：1%的过氧乙酸溶液：用于机体表面消毒，空气消毒，密闭门窗消毒（图2-17）；0.5%的过氧乙酸溶液：用于擦拭消毒，物品表面的喷洒，餐具浸泡消毒；0.2%的过氧乙酸溶液：用于果蔬的浸泡消毒。

图 2-17　消毒现场

3. 医用酒精　一种易燃易爆易挥发的无色透明液体，可杀灭细菌及大部分病毒。

（1）医用酒精使用注意事项

1）首选玻璃或专用的塑料包装放置于阴凉、避光处密闭保存，同时应避免大量囤积。

2）在室内使用医用酒精时要保证良好通风，清洁工具使用后应用大量清水清洗，并置于通风处进行晾干。

3）使用时远离火源、远离产生静电的物品。

4）若酒精遗撒，应及时擦拭干净；若酒精意外引燃需及时灭火，可使用干粉灭火器、二氧化碳灭火器等，小面积着火也可用湿毛巾、湿衣物覆盖灭火，如在室外燃烧，可使用沙土覆盖灭火。

（2）医用酒精的选择及使用：医用酒精常见的浓度为75%和95%。75%的酒精溶液可用于皮肤消毒，也可用于金属、塑料等材质的物品表面的消毒，但不适于对人体黏膜和创面的消毒。使用方法：卫生手消毒：均匀喷于或涂擦揉搓手部1～2遍，每次持续

1分钟；皮肤消毒：涂擦皮肤表面2遍，每次持续3分钟；较小物体表面消毒：擦拭物体表面2遍，每次持续3分钟。

95%的酒精溶液可用于镊子、钳子等的燃烧消毒灭菌。

4. **碘伏** 一种棕色液体，可杀灭细菌、真菌、芽孢和部分病毒，其消毒效果具有广谱、低毒、刺激性小、药效持久等优点。外科手消毒和前臂消毒等常用碘伏。

碘伏使用注意事项：置于密封、避光以及通风的条件下保存，远离儿童；碘伏为外用消毒液，禁止口服；对碘过敏者慎用。

5. **苯扎溴铵** 又名新洁尔灭，淡黄色液体，具有耐光和耐热的特性，无挥发性，稳定性强，可长期存放，具有芳香味。可用于杀菌和去污，属于低效消毒剂，常用于环境与物体表面（包括纤维与织物）的消毒。

苯扎溴铵使用注意事项：远离儿童放置；外用，不得口服；不能与肥皂、碘或过氧化物（如高锰酸钾、过氧化氢、磺胺粉等）同用。

6. **氯己定** 别名洗必泰，属于低效消毒剂，外科手消毒、卫生手消毒、皮肤黏膜消毒，及物体表面的消毒等常用。

（1）氯己定使用注意事项

1）避光、密闭、阴凉处保存。

2）外用，不得口服。

3）消毒前必须先进行表面清洁。

（2）氯己定的使用场景和使用方法

1）外科手消毒：擦拭或浸泡消毒，作用时间3分钟以内。

2）卫生手消毒：擦拭或浸泡消毒，作用时间3分钟以内。

3）皮肤消毒：擦拭消毒，作用时间5分钟以内。

4）黏膜消毒：擦拭或冲洗消毒，作用时间5分钟以内。

5）物体表面消毒：擦拭或浸泡消毒，作用时间10分钟以内。

二、病媒生物控制（蚊蝇鼠）

病媒生物是能将病原生物从传染源或环境传给人类的生物，主要包括啮齿动物的鼠类，以及蚊、蝇、蜚蠊（蟑螂）、蚤、蜱、螨、虱、蠓、蚋等节肢动物。媒介生物性传染病的发生与病媒生物传播密切相关，该类疾病具有区域性和季节性的特点。在我国的 40 种法定报告传染病，约 1/3 属于媒介生物性传染病，如疟疾、鼠疫、肾综合征出血热、流行性乙型脑炎、登革热等。

蚊、蝇、鼠是常见的病媒生物。蚊传播疟疾、登革热、黄热病、流行性乙型脑炎（乙脑）等多种传染病；蝇携带多种病原微生物，会污染食物和餐具；鼠可作为传染源传播鼠疫（我国法定报告甲类传染病）、流行性出血热、斑疹伤寒。此三类常见病媒生物不仅危害人类健康，还影响环境、造成社会经济损失，因此，本节内容讨论如何控制病媒生物蚊、蝇、鼠。

（一）蚊

常见蚊种有致乏库蚊、淡色库蚊、白纹伊蚊和中华按蚊等。可传播疟疾、登革热、乙型脑炎、黄热病等多种危害性较强的传染病（图 2-18）。

图 2-18 蚊传播疾病

控制方法：

1. **物理防制方法** 常用于疫区疟疾防治。如蚊帐、电灭蚊拍和诱蚊灯、具有诱捕蚊虫功能的城市路灯等，对环境无污染且对人畜无害。此外，还有食品加工、制药等行业模拟人体体温及二氧化碳并配合激素诱饵和诱捕装置，控制敏感区域的蚊虫。

2. **化学防制方法** 通过化学杀虫剂对蚊蝇孳生地、栖息地和空间使用灭幼喷洒、滞留喷洒和空间喷洒，目前仍然是蚊防制工作中的主要措施。

3. **生物防制方法** 常用方法有蚊虫天敌及生物杀虫剂的使用。常用做蚊虫天敌的物种包括线虫（如食蚊罗索线虫）、鱼类、昆虫（如龙虱、蜻蜓、涡虫等）、家鸭、除蚊植物等。

（二）蝇

可引起多种疾病，包括蝇蛆病和传播伤寒、霍乱、细菌性痢疾等（图 2-19）。

控制方法：

1. **环境防制方法** 垃圾、粪便的及时处理，例如生活垃圾进行装袋处理、运用堆肥或者沼气发酵的方式处理粪便，从而限制蝇

图 2-19 蝇传播疾病

的孳生。控制和管理孳生地是消灭蝇类的重要环节。

2. **物理防制方法** 安装纱门纱窗防蝇飞入室内；用蝇拍、捕蝇笼和粘蝇纸等方法杀灭成蝇；用淹杀、闷杀、捞出烫煮、堆肥等方法杀灭虫蛹和幼虫。

3. **化学防制方法** 化学防制方法具有迅速控制蝇类种群密度的优势，但是也带来害虫抗药性问题。敌百虫、敌敌畏、溴氰菊酯等是灭蝇常用药物。

4. **生物防制方法** 寄生于蝇蛹的寄生蜂，能杀灭蝇幼虫的苏云金杆菌 H-9 的外毒素，属于通过致病生物灭蝇、植物源杀蝇剂、天敌灭蝇。

（三）鼠

常见的害鼠种类主要包括褐家鼠、黄胸鼠、小家鼠等。可传播鼠疫、流行性出血热、钩端螺旋体病等。

控制方法：

1. **物理防制方法** 陷捕法属于室内（食品加工、敏感行业、外资连锁餐饮和商业机构等）害鼠控制常用的物理防制方法之一，包括地下捕鼠站、地弓等射杀类人工捕捉，连环套等陷阱捕获，水淹洞穴等方法。

此外，还有现代科技物理防制方法，如高压弱电流击法，超声波驱赶法，录音驱赶法。

2. **化学防制方法** 急性药剂，如氟乙酸钠、氟乙酰胺、氟乙酰胺衍生物、溴杀鼠等，对鼠类作用快，反应强烈，一般在投药后24 小时内便可达到灭鼠效果，一般用于草原灭鼠；慢性药剂，对鼠类作用慢，潜伏期多大于 3 天，具备良好的灭鼠效果，且对环境安全，是使用最为广泛的灭鼠药剂。

3. **生物防制方法** 包括天敌防制、植物源制剂防制以及微生物防制。鼠类拥有多种天敌，包括猫、鹰、猫头鹰、蛇、狐狸、鼬、貂等；植物产生的苦参碱、蓖麻毒蛋白等对鼠类均具有毒杀作用；人工培养病鼠身上细菌或者病毒（如沙门氏菌属中的细菌以及某些病毒），可使一定范围内、一定时间中的鼠类患病死亡。

三、手卫生

手卫生是洗手、卫生手消毒和外科手消毒的总称。其中，洗手是用流动水和洗手液或肥皂揉搓冲洗双手，去除手部污垢和部分细菌、病毒等微生物；卫生手消毒是用手消毒剂揉搓双手，以减少手部细菌；外科手消毒是外科手术前医护人员用流动水和洗手液清洗双手、前臂至上臂下部，再用手消毒剂灭菌。手卫生是标准预防的关键措施，具有简单、有效、方便和经济的优点。

下列情况应洗手：

1. 手部有肉眼可见的血液或其他体液等污染时。

2. 可能接触艰难梭菌、肠道病毒等对速干手消毒剂不敏感的病原微生物时。

（一）洗手方法（图 2-20）

1. 洗手前摘除手部饰品，在流动水下淋湿双手。

2. 取适量洗手液或肥皂，均匀涂抹于整个手掌、手背、手指和指缝。

3. 认真揉搓（15秒以上），具体揉搓步骤如下：

（1）双手掌心相对并拢手指，反复揉搓。

（2）手心对手背沿指缝反复揉搓，两手交替进行。

（3）双手掌心相对，双手交叉指缝反复揉搓。

（4）将手指弯曲，使关节在另一手掌心旋转揉搓，交替进行。

（5）右手握住左手大拇指旋转揉搓，交替进行。

1 掌心相对，手指并拢，相互揉搓。

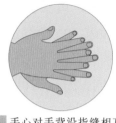

2 手心对手背沿指缝相互揉搓，交换进行。

3 掌心相对，双手交叉，指缝相互揉搓。

4 弯曲手指使关节在另一个掌心旋转揉搓交换进行。

5 左手握住右手大拇指旋转揉搓，交换进行。

6 将五个手指并拢，放在另一个手掌心旋转揉搓，交换进行。

图 2-20　六步洗手法步骤

（6）将五个手指尖并拢放在另一手掌心旋转揉搓，交替进行。

（7）在流动水下彻底冲净双手，最后用干净的纸巾擦干双手。

（二）手消毒方法

1. 取适量的手消毒剂均匀涂抹双手。

2. 按照上述洗手方法揉搓至手部干燥即可。

首选速干手消毒剂，过敏人群可根据情况选用其他手消毒剂。

（三）外科手消毒方法

1. 摘除手部饰物，保持双手清洁。

2. 取适量洗手液于指定部位进行清洗（双手、前臂和上臂下1/3），并认真揉搓。注意手部皮肤皱褶处的清洗。

3. 用流动水对上述清洗部位进行冲洗。

4. 使用干手用品将清洗部位擦干。

5. 取适量的手消毒剂涂抹至已清洗并认真揉搓 3 ～ 5 分钟。

6. 在流动水将清洗部位冲净，再用灭菌布巾彻底擦干。

第三节 生物安全防护设备

一、生物安全柜

生物安全柜是一种箱型空气净化负压安全装置，用于防止实验过程中的气溶胶散逸。可有效避免含有危险性或未知性生物微粒对实验人员产生影响。作为实验室最基本的安全防护设备，生物安全柜能提供对人员、样品和环境的三重保护（图 2-21）。

生物安全柜的操作区左右侧和后侧腔体均为负压通道，在外部环境和操作区之间形成了双层隔离（气幕隔离和箱体隔离），可有效防止样品泄漏，且安全柜的气流方向是由外向内的，顶层配置了高效过滤器，可有效防止气溶胶从柜内溢出，对检验人员能起到良好的防护作用。

（一）生物安全柜的分类

1. Ⅰ级生物安全柜，具有保护工作人员和环境的作用，但不具备对样品的保护作用。由于不能保护柜内样品，目前已较少使用。

2. Ⅱ级生物安全柜，外界气流进入安全柜工作区前会被进风格栅俘获，从而保证柜内试验品不受外界空气污染，目前应用最为广泛。

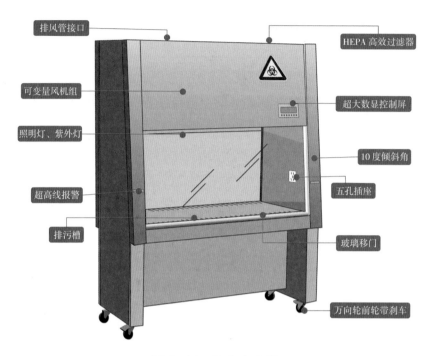

排风管接口

HEPA 高效过滤器

可变量风机组

超大数显控制屏

照明灯、紫外灯

10 度倾斜角

五孔插座

超高线报警

排污槽

玻璃移门

万向轮前轮带刹车

图 2-21　生物安全柜

3．Ⅲ级生物安全柜，为生物安全防护等级为四级的实验室所设计，进行风险程度高的生物实验时使用。

（二）生物安全柜的使用方法以及注意事项

1．检查生物安全柜的性能是否符合国家及国际的标准。

2．使用人员应严格遵守无菌操作规则，具体包括：穿戴专门的手套、口罩、护目镜和净化服；只允许双手伸入生物安全柜内进行操作；操作过程中动作要轻柔，不要说话、咳嗽或打喷嚏。

3．柜内操作均应在工作台中央进行，操作时不要打开窗、风扇和空调，无特殊需要不打开安全柜前窗，减少手臂进出安全柜次数，防止干扰气流。

4．柜内应避免使用明火。

5. 柜内出现实验试剂少量溢洒至台面时，用吸收纸巾立即清理，再用消毒液对台面及内部所有物品进行擦洗；对于大量溢洒，安全柜内的所有物品都应该进行表面消毒并且从柜中取出，确保安全柜的排水阀处于关闭状态后，将消毒液倒在工作台面上，让柜内液体通过格栅流到排水盘上。

6. 注意废弃物的处理。注射器及针头等尖锐物品弃置于专门的带盖垃圾桶内，做好封口，送专人进行处理。

7. 重视清洁和消毒。实验结束后柜中所有的物品都应取出，然后用 84 消毒液和 75% 医用酒精对柜内工作台表面和内壁分别进行消毒。

8. 长期使用需进行定期性能维护和检测，定期清洁工作面以下的区域。

二、高温高压蒸汽灭菌器

高温高压蒸汽灭菌器是密闭加压灭菌容器，是通过加热实现高温高压环境达到灭菌的效果，主要对真菌、细菌及病原体等微生物进行灭杀。高温高压蒸汽灭菌器具有灭菌时间短、效率高、成本低的优点，能有效避免再次性污染。常用于现代医院中心供应室和实验室，也应用在食品、药品、工农业等各领域（图 2-22）。

（一）高温高压蒸汽灭菌器的使用方法

1. 先取出内层灭菌桶，然后向外层锅内加入适量水。

2. 放回灭菌桶，装入待灭菌物品。

3. 加盖，插好排气软管并旋紧螺栓。

4. 打开电源和排气阀，将水加热至沸腾以排出锅内冷空气。待冷空气排尽后关上排气阀，继续加热。当锅内压力达到所需压力时，控制热源，维持压力至所需时间。

图 2-22　高温高压蒸汽灭菌器

5. 达到灭菌时间后关闭电源，让锅内温度自然下降。压力表显示压力降到"0"之后，再打开排气阀，旋松螺栓，打开盖子，取出灭菌物品。

6. 标明进行灭菌操作的日期和物品保存的时限，一般保留时限为 1 ～ 2 周。

（二）高温高压蒸汽灭菌器注意事项

1. 灭菌器内物品整齐、错开、不拥挤。

2. 尽量将同类物品装在同一灭菌器内灭菌。

3. 在装放物品时应上下左右交叉放置，留出间隙，让高压蒸汽更易透过。

4. 破坏性材料以及含碱金属成分的物质不可放入其中。

5. 使用高温高压蒸汽灭菌器前，要将灭菌器内空气排尽。

6. 当压力降到"0"后才能开盖。

7. 定期检查安全阀的性能，以防在使用中因高压而发生爆炸。

三、通风柜

通风柜是实验室中最常用的一种局部排风设备，它通过负压作用，使气体实验室向通风柜内部流动，且排出的空气会经过高效过滤器进行过滤，因此可保护实验室工作人员免于吸入有毒的、可致病的物质（图 2-23）。

实验室常用的通风柜可分为以下几种：通用型通风柜（常用通风柜）、补风型通风柜、特殊用途通风柜（过氯酸通风柜、蒸馏通风柜和落地通风柜、防爆式通风柜等）。

图 2-23　通风柜

通风柜的使用

1. 使用前须穿戴好防护用品（实验服、防护手套、口罩、护目镜等）。

2. 使用时，操作人员面部与通风柜的正面保持 15 厘米以上的距离，并且需关注空气流动的变化。

3. 操作过程中禁止进食、饮水、吸烟等。

4. 通风柜使用完毕后，废弃物要根据其形态进行相应处理，具体如下：

（1）**固体废物的处理：** 采用放置法进行处理，处理过程中使用适当屏蔽物加以防护，待其自然蜕变后处理即可。

（2）**液体废物的处理：** 应根据有害物质的最大容许浓度、化学性质等情况进行不同的处理。

（3）**气体废物的处理：** 在通风柜内通风条件下操作，在室外的排气口应高出周围 50 米范围内的屋顶 3 ～ 4 米，使有害气体排入高空。

四、紫外线杀菌消毒设备

紫外线杀毒是一种物理消毒方法，它可以杀灭包括细菌繁殖体、芽孢在内多种微生物，常选用波长在 205 ～ 305 纳米或 240 ～ 280 纳米的紫外辐射进行杀菌消毒。由于其具有广谱高效、快速便捷、无二次污染、简单实用、易于操作、不存在抗药性、便于管理和实现自动化等诸多优点和优势，被广泛应用于物体表面、空气、饮用水的消毒和废水处理（图 2-24）。

图 2-24　太阳中的紫外线

（一）常见的紫外线杀菌设备及其使用场景

1. **一体化支架杀菌消毒灯**　具有良好的杀菌效果及较高的性价比。常用于医院、幼儿园、学校、厨房、卫生间等场所；杀菌方式常为直接照射室内空气及物体表面进行杀菌消毒，一般无人情况下进行杀菌操作（图 2-25）。

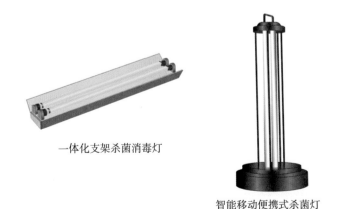

一体化支架杀菌消毒灯

智能移动便携式杀菌灯

图 2-25　常见紫外线杀菌消毒设备

2. **壁挂式紫外线杀菌灯** 在有插座的地方可以直接使用，不需要另外安装线路，这是它优于一体化杀菌灯的地方。其壁挂式紫外线杀菌灯的杀菌效果与空间大小有关，一般在小空间的效果更好。主要适用于医疗卫生、制药工业、学校、工厂、厨房、养殖场、除甲醛、地下室除异味等场所杀菌消毒。

3. **智能移动便携式杀菌灯** 形式多样化，便于携带转移，可以根据需求增加臭氧功能。常用于行李箱、茶杯、衣柜等小型物品消毒。

4. LED 类紫外线杀菌产品 辐射效率低，环保，低功耗，使用安全，但成本较高。适用于点、线或小面积的杀菌。

（二）使用紫外线杀菌设备的注意事项

1. 确定合适的辐照剂量灭杀目标微生物。
2. 产品应在制造商指定的场所使用。
3. 使用时避免直视紫外线灯，以免灼伤眼睛。
4. 使用时应确保现场无人及动物，以免被紫外线灼伤。
5. 使用过程应关闭门窗，使消杀效果更佳。
6. 消杀使用结束后通风至少 15 分钟再进入。

（彭阳　唐川乔）

参考文献

[1] 胡国庆，陆烨，李晔 . 医务人员个人防护用品的选择和使用 [J]. 预防医学，2020，32（12）：1189-1194.

[2] CHU DK, AKL EA, DUDA S, et al. Physical distancing, face masks, and eye protection to prevent person-to-person transmission of SARS-CoV-2 and COVID-19: a systematic review and meta-analysis[J]. The Lancet, 2020，395（10242）：1973-1987.

[3] 段弘扬，沈瑾，张流波，等 . 新型冠状病毒肺炎疫情防控现场工作人员个人防护策略 [J]. 环境卫生学杂志，2020，10（04）：342-345.

[4] 张锦萍 . 医护人员职业暴露个人防护及防护物资的管理和使用探讨 [J]. 名医，2020，（08）：396-398.

[5] 郭德华 . 我国应急喷淋和洗眼设备标准研究 [J]. 标准科学，2017，（11）：86-90.

第三章

职业人群突发生物安全事件应急处置

突发生物安全事件分级分类与报告

根据《国家突发公共事件总体应急预案》，突发生物安全事件一般是指突然发生，造成或者可能造成重大人员伤亡、财产损失、生态环境破坏和严重社会危害，危及公共安全的紧急生物事件。突发生物安全事件主要包括：自然灾害中的生物灾害；事故灾难中环境污染和生态破坏事件；公共卫生事件中的传染病疫情、群体性不明原因疾病、食品安全、动物疫情以及其他严重影响公众健康和生命安全的事件；社会安全事件中的生物恐怖袭击事件等。按照事件性质、严重程度、可控性和影响范围等因素分成4级，特别重大的是Ⅰ级，重大的是Ⅱ级，较大的是Ⅲ级，一般的是Ⅳ级（图3-1）。

发生或者可能发生传染病暴发、流行；不明原因的群体性疾病；传染病菌种、毒种丢失；重大食物和职业中毒事件，当事人应当在2小时内向所在地县级人民政府卫生行政主管部门报告；接到报告的卫生行政主管部门应当在2小时内向本级人民政府报告，并同时向上级人民政府卫生行政主管部门和国务院卫生行政主管部门报告。

图 3-1 突发生物安全事件

必须报告信息：事件名称、发生地点、发生时间、涉及人群或潜在的威胁和影响、报告联系单位人员及通讯方式。

尽可能报告的信息：事件的性质、范围、严重程度、可能原因、已采取的控制措施、发病及死亡情况、可能的发展趋势。

第二节　呼吸道传染病应急处置

一、传染源管理

（一）患者、疑似患者

1. 患者　应做到"四早"，即早发现、早报告、早隔离、早治疗，这是防控呼吸道传染病暴发流行的关键，其中早发现和早报告是"四早"的基础，应格外重视。患者一经诊断为患有呼吸道传染病或可能患有呼吸道传染病，就应按传染病防治规定实行分级管理。要防止传染病在人群中的传播和蔓延，必须做到尽早控制传染源，阻断传播途径。

甲类传染病如鼠疫中的肺鼠疫患者和按甲类传染病管理的乙类传染病中的新型冠状病毒肺炎（COVID-19）、严重急性呼吸综合征（severe acute respiratory syndrome，SARS）、人感染高致病性禽流感、炭疽中的肺炭疽患者必须送当地指定传染病医院隔离病房或专设的临时隔离病房隔离治疗，必要时可请公安部门协助。

乙、丙类传染病患者，根据病情可在医院集中隔离或居家隔离，隔离通常应至临床或实验室证明患者已痊愈为止。

2. **疑似患者**　必须接受医学检查、随访和隔离措施，不得拒绝。甲类传染病和按甲类传染病管理的乙类传染病疑似患者必须在指定场所进行隔离观察、治疗。乙类传染病疑似患者可在医疗机构指导下治疗或隔离治疗。

患者、疑似患者、一线医护人员及后勤保障人员应严格按照传染病防控要求分区管理，设置隔离区和限制区标识，禁止人员交叉流动，避免交叉感染。

患者和疑似患者在隔离治疗期间，要求佩戴医用防护口罩，并根据不同的呼吸道传染病进行相应的治疗，密切观察其临床过程和治疗效果，严格执行陪护和探视制度，如为传染性极强的乙类传染病，禁止陪伴和探视患者。

（二）病原携带者

对病原携带者应做好隔离、登记、管理和随访，根据隔离期和连续多次病原检测结果，至其病原体检查 2 ～ 3 次阴性后才能解除隔离。在饮食行业、学校、托幼机构和服务行业工作的病原携带者要暂时调离工作岗位，久治不愈的伤寒或病毒性肝炎病原携带者不得从事威胁性职业。

（三）接触者

密切接触者即与传染源有过接触并有可能受感染者，都应进行留验或家庭医学追踪观察，每天早晚监测体温，观察是否出现与病例相似的临床症状，并采鼻咽或咽拭子、漱口液、血清等进行实验室检查，必要时作影像学等物理检查。检疫期为最后接触日至该病的最长潜伏期，检疫期间不能探访，如未出现病例或连续多次病原检测阴性可以解除留验或医学观察。

1. **留验** 即隔离观察，在指定场所进行观察，限制活动范围，实施诊察、检验和治疗，需隔离观察至该病最长潜伏期。需要隔离观察的接触者包括：甲类传染病和按甲类传染病管理的乙类传染病接触者（包括 COVID-19、SARS）。

2. **医学观察** 即接受体检、测量体温、病原学检查和必要的卫生处理，其对象是乙类和丙类传染病接触者；医学观察期间可正常工作、学习。

3. **应急接种和药物预防** 对潜伏期较长的传染病如麻疹可对接触者实施疫苗应急接种。此外，还可采用药物预防，如服用青霉素预防猩红热等。

（四）动物传染源

根据染病动物的危害及经济价值大小，采取捕杀、焚烧、隔离治疗等方式对其进行处置。彻底杀灭危害大且经济价值不大的动物传染源；扑杀、焚烧或深埋危害大、传染性强的虫媒、病畜或野生动物；隔离治疗危害不大且有经济价值的病畜。此外，还要做好家畜和宠物的预防接种和检疫。

二、环境卫生处理

1. **空气消毒**　方法包括过氧乙酸喷雾或熏蒸、紫外线消毒，使用臭氧消毒器进行消毒等，一般进行消毒操作30分钟后开门窗通风换气。

2. **地面及物体表面消毒**　用1 000～2 000毫克/升含氯消毒液擦拭消毒，30分钟以后用清洁水清洁处理。

3. **常用物品消毒**

（1）**有污染的衣被（有明显血、脓、便污染的衣被）**：先用冷洗涤液或1%～2%冷碱水将血、脓、便等有机物洗净，再用热水洗涤、煮沸消毒，然后用含二氧化氯或有效氯500毫克/升的消毒洗衣粉溶液洗涤30～60分钟，最后用清水漂净；鼠疫、SARS、高致病性禽流感等污染物就地就近焚烧深埋处理。

（2）**一般衣被的洗涤消毒（指无明显污染及无传染性的衣被）**：棉质衣被、毛巾用1%消毒洗涤剂70℃以上温度（化纤衣被40～45℃）在洗衣机内洗25分钟，再用清水漂洗。

（3）传染病房和烧伤病房的衣被，必须用含二氧化氯或有效氯500毫克/升的消毒洗衣粉溶液洗涤30～60分钟，然后用清水漂净。

（4）**餐饮具消毒**：消毒方法包括100℃流通蒸汽消毒20分钟、煮沸消毒15分钟；125℃远红外线消毒箱中消毒15分钟，消毒后温度应降至40℃以下再开箱，以防止碗盘炸裂；自动冲洗消毒洗碗机消毒，需要用250毫克/升有效氯消毒液浸泡20～30分钟。

（5）**体温表消毒**：可用1%过氧乙酸或1 000毫克/升有效氯浸泡消毒30分钟，然后清洗，使用前用乙醇擦拭。

4. **尸体的处理**　甲类传染病或按甲类管理的传染病（含疑似病例）死亡尸体应立即消毒，以浸有2 000～3 000毫克/升有效氯的含氯消毒剂或 0.5% 过氧乙酸棉球将口、鼻、肛门、阴道等开放处堵塞，并以浸有上述浓度消毒液的被单包裹尸体后装入不透水的塑料袋内，密封就近焚烧、深埋。朊毒体病死者尸体以同样方法处理，但消毒剂改用 1 摩尔 / 升的氢氧化钠溶液。

5. **现场废弃物处理**　纤纺布帽子、工作衣、口罩等用后放污物袋内集中进行无害化处理；废弃标本如尿、胸腔积液、腹水、脑脊液、唾液、胃液、肠液、关节腔液等每 100 毫升加漂白粉 5 克或二氯异氰尿酸钠 2 克，搅匀作用 2 ～ 4 小时后倒入厕所或粪池内；痰、脓、血、粪（包括动物粪便）及其他固形标本，焚烧或加 2 倍量漂白粉溶液或二氯异氰尿酸钠溶液，拌匀后作用 2 ～ 4 小时，若为肝炎或结核病者则作用时间应延长至 6 小时后倒厕所或化粪池，所有现场废弃物均需经过严格消毒处理，有条件的可以焚烧处理。

6. **媒介生物杀灭处理**　可用溴氰菊酯（敌杀死）、氯氰菊酯（兴棉宝）、戊氰菊酯（速灭杀丁）等处理。

7. **手消毒**　经常用肥皂、流动水洗手，在饭前、便后、接触污染物后，最好用 0.25 ～ 1 克 / 升有效碘的碘伏或用经批准的市售手消毒剂消毒（图 3-2）。

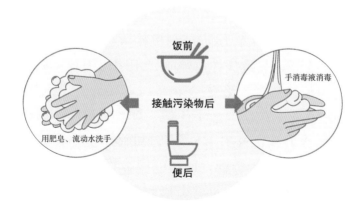

图 3-2　手消毒

三、高危职业人群防护

对高危职业人群如参与疫情现场流行病学调查采样、一线医疗救治医务工作人员和后勤保障人员，进行预防性服药或预防性接种疫苗。高危职业人员进入所有疫区、疫点、病区必须遵守标准预防的原则，必须做到三级防护：

一级防护： 戴 16 层棉纱口罩（使用 4 小时后，消毒更换一次），穿工作服，戴工作帽和乳胶手套；必要时戴防护眼镜、穿长筒胶鞋、戴橡胶手套。每次使用后立即洗手消毒，用 0.3% ～ 0.5% 的碘伏消毒液或氯己定、新洁尔灭、75% 酒精等快速手消毒剂揉搓 1 ～ 3 分钟。适用于 COVID-19、SARS、高致病性禽流感、不明原因肺炎病例的密切接触者流行病学调查，麻疹、流感、流腮等患者和疑似患者的流调、消毒、采样。

二级防护： 穿工作服、戴工作帽、外罩一层防护服、戴防护眼镜和防护口罩（离开污染区后更换），戴乳胶手套、穿鞋套；必要时应戴橡胶手套，穿长筒胶鞋。每次使用后立即洗手消毒，用 0.3% ～ 0.5% 的碘伏消毒液或氯己定、新洁尔灭、75% 酒精等快速手消毒剂揉搓 1 ～ 3 分钟。离开污染区到半污染区时将全套防护设备交医院灭菌和消毒处理。离开疫源地时将全套防护设备放入密闭污物袋封闭后带回疾病预防控制机构灭菌和消毒处理。适用于 COVID-19、SARS、高致病性禽流感、不明原因肺炎病例的患者和疑似患者的流调、消毒、采样。

三级防护： 穿工作服、戴工作帽、外罩一层防护服、戴全面型呼吸防护器（离开污染区后更换），戴乳胶手套、穿鞋套；必要时应戴橡胶手套，穿长筒胶鞋；鼠疫防护必须扎三角头巾、穿防蚤袜，袖口、领口必须扎紧，处置完毕后需进行灭蚤、消毒、沐浴更衣。适用于鼠疫、肺炭疽、COVID-19、SARS、人感染高致病性禽流感、不明原因肺炎病例的患者吸痰、咽部采样。

上述防护服、医用护目镜、防护面罩、医用外科手套等防护用品应符合国家相关标准。

（一）预防接种和药物预防

1. 预防接种 当传染病流行时，对高危职业人群进行预防接种可以为其提供及时的保护抗体，如注射胎盘球蛋白和丙种球蛋白预防麻疹、风疹等，但因为血液制品的安全性尚存在隐患，除非必要，目前已不主张使用。

2. 药物预防 药物预防也可以作为一种应急措施来预防传染病的传播，但药物预防作用时间短，效果不巩固，易产生耐药性，因此其应用具有较大局限性。

（二）个人防护

1. 保持良好的个人卫生习惯，打喷嚏、咳嗽和清洁鼻子后要勤洗手；搞好室内外环境卫生，生活和工作场所应经常通风换气和定期空气消毒，勤晒衣服和被褥。

2. 不到患者家串门，避免前往空气流通不畅、人口密集的公共场所，必要时外出必须佩戴医用外科口罩或医用防护口罩。

3. 对出现呼吸道感染病例的家庭，应注意其他成员隔离防护工作。

4. 接触传染病的医护人员和实验室工作人员应严格遵守操作规程，配置和使用必要的个人防护用品。有可能暴露于传染病生物传播媒介的个人要穿戴防护用品，如口罩、手套、护腿、鞋套等。

5. 经常到户外活动，参加体育锻炼；注意均衡饮食，充足休息，减轻压力；注意保暖，多喝水，增强自身抵抗力。

6. 预防接种是提高人群免疫力、防止呼吸道传染病的最经济、

最安全、最有效的措施。对普通人群和一般接触者进行应急预防接种工作，并有针对性地进行有关传染病防治知识和措施的宣传工作，提高易感人群对疾病流行的认识，预防疾病继续发生和传播。

第三节　肠道传染病应急处置

肠道传染病应急处置

1. **管理传染源**　患者和带菌者原则上就地隔离治疗，如患者所在地不具备隔离治疗条件的，可转送，但必须随带盛放吐泻物的容器；患者和带菌者需隔离治疗至症状消失或停药后粪便培养阴性方可解除。对患者排泄物、受污染物品、饮用水等要进行消毒，具体方法为：餐具、洗漱用具采用煮开灭菌，排泄物消毒采用等量 20% 漂白粉澄清液混合至少 2 小时，便器采用 3% 漂白粉浸泡 1 小时，饮用水消毒可采用漂白精片，每 50 克水每次投 1 ～ 2 片。注意呕吐物必须及时清理和随时消毒，清理呕吐物必须戴口罩和手套、洗手。

2. **管理密切接触者**　主要措施是采样检测和医学观察，通过检测确定患者所患疾病，医学观察期间如出现胃肠症状，要采取诊疗措施并报告所在地卫生行政部门。如果密切接触者是食物加工人员，应暂时调离工作岗位。不同疾病的医学观察时间不同，一般以疾病的 1 个最长潜伏期为准，其中霍乱 5 天、伤寒 14 天、副伤寒 10 天、细菌性痢疾 5 天、病毒性腹泻病 3 天。

3. **切断传播途径**

（1）**加强饮用水管理**：保护、净化和氯化公用供水，避免供水系统和排污系统间的反流污染。在旅行或郊外时，应采用化学或煮沸方法处理用水。

（2）**加强饮食卫生管理**：在食物制作、处理过程中要清洁卫生和冷藏适当，尽可能吃煮过的或热的食物，水果削皮，海鲜类食物尽可能煮熟，严禁生熟食品交叉污染。带菌者及传染病患者不能从事食品制作工作。根据需要暂停大型聚餐，禁止供应生海产品和冷菜等。

（3）**营造良好的卫生环境**：采用掩埋的方法处理粪便，掩埋地点应在饮用水源的下游，并远离水源；及时收集和处理垃圾；使用纱窗，纱门，喷洒杀虫剂以及应用毒饵等防蝇，厕所建筑和管理时要做好防蝇措施；做好防鼠、防蟑螂工作。

（4）**强化手卫生**：提供适当的洗手设施，重点人群（如食物加工处理人员、照料患者及儿童的人员）更应形成良好的手卫生行为。

4. **保护易感人群** 重点对密切接触者进行告知和健康教育；对有感染高度可能性者可考虑预防服药；必要时可进行疫苗应急接种。

第四节 血液及性传播传染病应急处置

经血液及性传播疾病的应急处置

（一）局部处理

当发生血源性病原体意外职业暴露时应立即进行局部处理，按"挤、冲、消、报"的顺序进行：

1. 用肥皂液和流动水清洗被污染的皮肤，用生理盐水冲洗被污染的黏膜。

2. 如有伤口，应立即在伤口旁边由近心端轻轻向远心端挤压，避免挤压伤口局部，尽可能挤出损伤处的血液，再用肥皂水和流动水进行冲洗。

3. 受伤部位的伤口冲洗后，用 75% 酒精或者 0.5% 碘伏进行消毒，并包扎伤口；被接触的黏膜，应当反复用生理盐水冲洗干净。

4. 报告感染控制等相关人员，并抽血做本底检测。

（二）采取接触后预防措施

1. **乙型肝炎病毒**　接触后预防措施与接种疫苗的状态紧密相关。

（1）未接种疫苗者，应采取注射乙肝免疫球蛋白和接种乙肝疫苗的措施。

（2）以前接种过疫苗，已知有反应者，无须处理。

（3）以前接种过疫苗，已知没有反应者，应采取注射乙肝免疫球蛋白和接种乙肝疫苗的措施。

（4）抗体反应未知者进行抗原抗体检测，如检测结果不充分，应采取注射乙肝免疫球蛋白和接种乙肝疫苗的措施。

2. **丙型肝炎病毒**　没有推荐采用接触后预防措施。

3. **艾滋病病毒**　尽快采取接触后预防措施，预防性用药应当在发生艾滋病病毒职业接触后 4 小时内实施，最迟不得超过 24 小时；但即使超过 24 小时，也应实施预防性用药。对所有不知是否怀孕的育龄妇女进行妊娠检测；育龄妇女在预防性用药期间，应避免或终止妊娠。

第五节 自然疫源及虫媒传染病应急处置

应急处置

1. 开展防鼠、灭鼠、杀虫等活动，防止蜱、螨、蚊等的叮咬，使用驱避剂；需要在房舍内外、村落周围，1 米高度以下，密集喷洒杀虫药物。

2. 做好粪便、垃圾、动物尸体的消毒，避免污染环境和水源。

3. 尽量减少人与鼠、蚊等媒介的接触机会；如临时居所和救灾帐篷的搭建要有防鼠、蚊等病媒生物的功能，床铺应距离地面 2 尺以上，尽量不睡地铺。

4. 做好个人防护，穿长袖衫、长裤、长筒靴，应长裤塞进袜子里避免被蜱、螨、蚊等病媒生物叮咬，夜间睡觉挂蚊帐，露宿或夜间野外劳动时穿长袖衣服，暴露的皮肤应涂抹防蚊油，或者使用驱蚊药。

5. 做好相关疫苗药物的储备，根据疫情监测动态，及时给易感人群接种疫苗。

6. 登革热流行区应采取积极措施控制或消灭伊蚊。

7. 灭鼠和灭蚤并重。

8. 密切监测媒介生物和 / 或宿主动物带毒情况，做到提前预警。

9. 对于职业暴露人群要开展健康教育提高他们自我防护能力，一旦患病要及时就医并告诉医生传染病接触史；要做好个人防护设备的准备，最大限度减少与媒介生物和 / 或宿主动物的接触；大型野外建设项目要提前做好项目对传染病影响的评估，建立健全前期职业卫生防护预案和物质准备；部队进入野外训练演习，要提前做好卫生流行病学的侦察。

第六节 其他突发生物安全事件应急处置

一、食物中毒

食物中毒是指食用了被生物性、化学性有毒有害物质污染的食品，或者食用了含有有毒物质的食品后，出现的非传染性的急性、亚急性食源性疾病。把有毒有害物质当作食品摄入后出现的急性、亚急性疾病，也属于食物中毒。食物中毒是食源性疾病中最为常见的疾病。食物中毒发生后，应立即采取下列措施救治患者并保全中毒线索：

1. 立即停止供应、食用可疑中毒食品。

2. 先采集患者血液、尿液、吐泻物标本送检，再给患者用药。

3. 积极救治患者，尽快将患者送附近医院救治。

（1）**加速体内毒物清除：**在医院外，可用手指或汤匙刺激咽后壁诱发呕吐，排出毒物。在医院内可采取催吐、洗胃、导泻、灌肠、利尿、服活性炭等方法加速肠道内毒物的排出。但对昏迷、抽搐未控制、强烈呕吐、腹泻、消化道损伤的患者要注意清除毒物的适应证。

（2）**对症治疗：**控制惊厥、抢救呼吸衰竭、抗休克、纠正水、电解质紊乱及保护重要器官功能、预防和治疗继发感染等。

（3）**特殊治疗：**包括血液净化疗法、拮抗剂和特效解毒剂使用等。

4. **事件现场的临时控制措施**

（1）保护现场，封存中毒食品或可疑中毒食品。

（2）封存被污染的食品用工具、用具和设备，并责令进行清洗消毒。

（3）暂时封锁被污染的与食物中毒事件相关的生产经营场所。

（4）责令食品生产经营单位追回已售出的中毒食品或可疑中毒食品。

（5）对已明确的中毒食品进行无害化处理或销毁。

5. 防止事件危害进一步扩大的措施

（1）停止出售和摄入中毒食品或疑似中毒食品。

（2）当发现中毒范围仍在扩展时，应立即向当地政府部门报告。发现中毒范围超出本辖区时，应通知有关辖区的卫生行政部门并向共同的上级卫生行政部门报告。

（3）如有外来污染物，应同时查清污染物及其来源、数量、去向等，并采取临时控制措施。

（4）如中毒食品或疑似中毒食品已同时供应其他单位，应追查是否导致食物中毒。

（5）根据事件控制情况的需要，建议政府组织卫生、医疗、医药、公安、工商、交通、民政、邮电、广播电视和新闻单位等部门采取相应的控制和预防措施。

二、动物蜇咬伤

在职业性犬、猫、蛇、蜜蜂等动物饲养、养殖过程中以及在树林、草丛等野外场所进行作业时人员被有毒动物、毒虫等咬伤、抓伤、叮伤、蜇伤等，由于受到病毒、毒素等作用导致感染和疾病，或受伤后处理不当而造成不必要的感染和病情加重。

（一）犬（猫）咬伤

人被犬、猫等宿主动物咬、抓伤后，可能患上"狂犬病"，凡不能确定伤人动物为健康动物的，应立即进行受伤部位的彻底清洗和消毒处理，并立即到当地的狂犬病暴露后预防处置门诊，

由医生确定暴露分级，结合既往免疫情况给予伤口处理和免疫接种（图 3-3）。

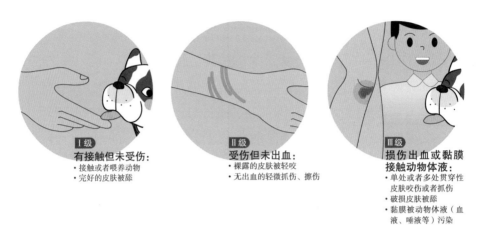

Ⅰ级
有接触但未受伤：
· 接触或者喂养动物
· 完好的皮肤被舔

Ⅱ级
受伤但未出血：
· 裸露的皮肤被轻咬
· 无出血的轻微抓伤、擦伤

Ⅲ级
损伤出血或黏膜接触动物体液：
· 单处或者多处贯穿性皮肤咬伤或者抓伤
· 破损皮肤被舔
· 黏膜被动物体液（血液、唾液等）污染

图 3-3　暴露分级

人被犬、猫等宿主动物咬、抓伤后，伤口处理方法如下：

1. **伤口冲洗**　所有咬伤和抓伤处先用 20% 的肥皂水（或者其他弱碱性清洁剂）和一定压力的流动清水交替彻底清洗、冲洗至少15 分钟。然后用生理盐水或清水将伤口洗净，最后用无菌脱脂棉将伤口处残留液吸尽，避免在伤口处残留肥皂水或者清洁剂。较深伤口冲洗时，用注射器或者高压脉冲器械伸入伤口深部进行灌注清洗，做到全面彻底。

2. **消毒处理**　彻底冲洗后用 2%～3% 碘酒（碘伏）或者 75%酒精涂擦伤口。如伤口碎烂组织较多，应当首先予以清除。

伤口较深、污染严重者酌情进行抗破伤风处理和使用抗生素等，以控制狂犬病病毒以外的其他感染。

3. **特殊部位的伤口处理**

（1）**眼部：**波及眼内的伤口处理时，要用无菌生理盐水冲洗，一般不用任何消毒剂。

（2）**口腔**：口腔的伤口处理最好在口腔专业医师协助下完成，冲洗时注意保持头低位，以免冲洗液流入咽喉部而造成窒息。

（3）**外生殖器或肛门部黏膜**：伤口处理、冲洗方法同皮肤，注意冲洗方向应当向外，避免污染深部黏膜。

（4）以上特殊部位伤口较大时建议到医院缝合处理。

4. 疫苗接种　首次暴露后的狂犬病疫苗接种应当越早越好。

（二）蛇咬伤

被毒蛇咬伤后，在拨打急救电话紧急呼救的同时，中毒者应当采取一些应急措施进行自救，防止毒蛇的毒素扩散，为抢救生命争取时间。具体应急措施如下（图3-4）：

1. 首先要保持镇静，原地不动，第一时间抓紧时间拨打"120"急救电话；切勿拼命奔跑去就医，因为奔跑时肌肉加快收缩，可促

图3-4　止血带绑压处理

使血液循环加快，加速毒素吸收。自己或者别人力争在几分钟内进行急救处理，排出毒液，防止吸收和扩散。

2. 在最短时间内在伤口上方离心脏近的一端约10厘米处用止血带或橡胶带、身边可用的鞋带、领带、手绢或撕开的衣服、绳子、布条或树藤等东西绑扎，系牢；以阻断静脉回流，减少毒素的吸收、扩散，但务必注意每隔15分钟放松2～3分钟，防止肢体坏死。绑扎应松紧适度，不宜过紧。绑扎松紧合适，以能塞进纸片或放入一个手指为宜。

3. 将被咬肢体放低，可用冰袋局部冷敷，无冰时可用冷水或井水代替（将伤肢或伤指浸入4～7℃的冷水中，但局部降温的同时要注意全身的保暖）。在被咬伤的3～5分钟内，用大量干净清水冲洗伤口3～5分钟，有条件可用生理盐水或1：5 000高锰酸钾溶液反复冲洗伤口，同时在伤口上作多个"十"字小切口以便排毒；注意不要用酒精清洗。可用吸乳器，或在伤口拔火罐吸出毒液；必要时，也可用嘴吸出。但一定要注意，吸吮者口腔黏膜必须无损伤、破溃，没有龋齿，否则，会引起施救者中毒。同时，应尽快到最近的医院急救处理。可用各种药物作局部的湿敷或冲洗，以达到破坏或中和蛇毒的目的。常用的外敷药有30%盐水或明矾水。

如果伤口有蛇的毒牙残留，要立即拔出，或用烧过的针尖挑出。用消毒的手术刀，按毒牙痕的方向纵切开或经伤口作十字形切口，切口长1～1.5厘米。注意伤口切开只适用于四肢，不要在头颅及躯干部位做切开伤口的操作。

如果伤口流血不止，不要切开，可直接挤压排毒，用双手从上向下、从外向内、由伤口周围向伤口中心均匀推挤，使毒液从伤口中排出。至少持续10～20分钟，直至伤口局部由青紫色转为正常皮肤颜色，伤口流出鲜红色血液为止。

4. 被毒蛇咬伤12小时内，应在医院切开伤口排毒。同时服用或外敷蛇药片。有条件的，最好注射单价或多价抗毒血清。

5. 为了防止破伤风和其他细菌感染，还应注射破伤风抗毒素和抗生素防止混合感染。积极防止肾功能衰竭或其他并发症的发生。

6. 遇到毒蛇时，可用木棍或石块将其赶走或打死。遇眼镜蛇高抬头部"呼呼"作响时，不要惊慌，不可直线跑动或向下坡逃走，应作"之"字形跑动，或者站立原地，根据它的来势左右避开。

三、职业暴露

（一）布鲁氏菌病

布鲁氏菌病（又称布鲁菌病，简称布病），又称波状热，是由布鲁氏菌侵入机体引起的传染－变态反应性人畜共患疾病。应急处置措施如下：

1. **患者治疗** 对急性期患者应以抗菌治疗为主，原则上应早期、联合、足量、足疗程用药，必要时延长疗程，以防止复发及慢性化。如患者较多时，可在医院或临时成立的病房内集中治疗。

2. **控制传染源** 对家畜采取定期检疫、屠宰淘汰病畜、疫苗免疫等方法。对患布病病畜，应按照《中华人民共和国动物防疫法》处理，淘汰确诊的病畜并采取焚烧或深埋等无害化处理。牲畜流产物、被污染的奶、肉、皮毛等，一律消毒，对传染源栖息地或厩舍予以严格消毒。

作好个人职业防护，接触病畜时，应穿戴防护装备，如工作服、口罩、帽子、围裙、乳胶或线手套和胶鞋等。

3. **消毒** 对患病动物污染的场所、用具、物品严格进行消毒。病房、患者的衣物、用过的物品等，按规定进行消毒。饲养场的金属设施、设备可采取火焰、熏蒸等方式消毒；养畜场圈舍、场地、车辆等，可选用 2% 氢氧化钠等有效消毒药消毒；饲养场的饲料垫料等，可采取深埋发酵处理或焚烧处理；粪便消毒采取堆积密封发酵方式。皮毛消毒用环氧乙烷、福尔马林熏蒸等。

4. 进行应急职业健康检查。

（二）炭疽

炭疽是炭疽杆菌引起的人畜共患的急性传染病。人因接触病畜及其产品感染。应急处置措施如下：

1. 密切接触者隔离观察与处置

（1）肺炭疽患者自出现症状至被隔离期间的所有密切接触者，都应当在隔离条件下接受医学观察。隔离方式首选居家隔离，也可采取集中隔离方式，但须确保与患者之间的分隔。观察期间发现有发病迹象者，立即作为疑似患者隔离治疗。

（2）对隔离人员的医学观察，至少应每日一次测定体温和询问健康状况。对曾经与患者共同居住或护理过患者的高度密切接触者，可同时给予青霉素或同类抗生素注射，常规剂量预防性治疗3天。接触者不使用疫苗预防。

（3）发生多例肺炭疽患者时，在隔离观察的接触者中实施预防服药；而在患者周围一定范围内的人群中，实行炭疽疫苗预防接种。

（4）失去联系的密切接触者由安全执法组负责搜寻，由其所在地点的疾病预防控制机构按照上述原则隔离进行医学观察。

（5）医务人员进入该病房前应防护着装。治疗、护理肺炭疽患者的医务人员在接触患者时，直接处理患者污染材料的人员在工作时必须防护着装，着装按照呼吸道传染病的防护要求。治疗及处理肺炭疽患者的医务人员及直接处理患者污染材料的人员，应视为患者的密切接触者，在工作期间及结束工作后的 12 天内，与其他人员隔离。

（6）如患者较多，或必须集中隔离治疗的，应选定适当的医疗机构或场所，要求事先腾空隔离病房，再收治吸入性炭疽患者。将患者留置在独立的房屋中，尽可能减少其他人员与患者的接触；如果患者为医疗机构所发现，发现患者的医疗机构（指所有医疗机构，包括个体开业医师）则应将患者隔离在独立的病房内，腾空与患者所在病房毗邻的病房。

2. **患者隔离治疗与处置**

（1）所有类型的炭疽患者，都需要在隔离状态下进行治疗。如发现患者所处的地点不能满足隔离要求，应将患者转移至适合隔离的场所。

（2）除有效的抗生素治疗外，应特别注重建立有效的支持疗法，以挽救患者的生命。

（3）原有肺部基础疾病的患者，在罹患其他病型的炭疽时，容易造成肺部炭疽感染。此时，除按照肺炭疽处理和治疗外，不能忽略原有疾病的治疗。

（4）皮肤炭疽病例隔离至创口痊愈、痂皮脱落为止。其他类型病例应待症状消失、分泌物或排泄物培养两次阴性后出院。

（5）炭疽患者死亡，有出血迹象的孔道应以浸透消毒剂的棉花填塞，尸体以浸透消毒剂的床单包裹后火化。应做好死者家属的工作，禁止举行仪式并防止接触尸体。

（6）治疗、护理肺炭疽患者的医务人员在接触患者时，直接处理患者污染材料的人员在工作时，必须按照呼吸道传染病的防护要求防护着装。

3. **患者周围环境的消毒措施**　患者的衣物和用品，尽可能采取高压消毒或焚毁，不能采取上述措施的有价值的物品，可以使用环氧乙烷熏蒸消毒；隔离治疗患者的环境，只需要保持清洁，可用低毒性的消毒剂如新洁而灭等擦拭。

患者出院或死亡，应对病房环境进行终末消毒，应使用含氯消毒剂反复进行，直到隔日检查连续 3 次无有致病能力的炭疽杆菌检出为止。环境中严重污染的场所，如畜圈、屠宰炭疽疫畜的地点等，也应按照前述要求消毒措施处理。被炭疽芽胞杆菌污染的土地可以改作他用，禁止翻耕和放牧牲畜。

4. **隔离观察肺炭疽患者的密切接触者** 吸入性炭疽患者自出现最初症状至被隔离期间所有与其密切接触者，都应当在隔离条件下接受医学观察。隔离方式首选居家隔离，也可以采取集中隔离的方式，但必须确保与患者之间的分隔。至少每日 1 次测量体温和询问健康状况。发现有发病迹象者，应立即作为疑似患者进行隔离治疗。

5. **牲畜疫情处理**

（1）感染炭疽的牲畜应严格管理，隔离治疗。

（2）病畜死亡后，尸体要彻底烧毁或深埋。

（3）加强对牲畜皮毛、肉类、乳类管理，严禁出售病畜皮毛、肉类和乳类产品。对病畜污染的水源、饲料及环境及时进行消毒。

6. **预防性投药** 对曾经与肺炭疽患者共同居住或护理过患者的高度密切接触者，可以给予氟喹诺酮如氧氟沙星 0.4 克，每日 2 次，环丙沙星 0.5 克，每日 3 次口服，连续 3 天。

7. **免疫预防接种** 在炭疽的常发地区人群，皮毛加工与制革工人、畜牧员以及与牲畜密切接触者，每半年或一年预防接种一次。

8. **职业人员管理** 从事畜牧业和畜产加工厂的工人及诊治病畜的卫生人员都要熟知炭疽病的预防方法，工作时要穿戴工作服、帽子、口罩等，严禁吸烟及进食，下班时要清洗，消毒更衣，皮肤受伤后立即用 2% 碘酊涂擦，密切接触者及带菌者可用抗生素预防。在发生疫情时对职业接触人员应急接种炭疽减毒活疫苗。

9. 应急职业健康检查。

（三）森林脑炎

森林脑炎又称蜱传脑炎，是由携带森林脑炎病毒的硬蜱叮咬所致的以中枢神经系统病变为主的一种森林地区自然疫源性急性传染病。应急处置措施如下：

1. 森林脑炎有严格的地区性，进入疫区前必须积极做好预防措施：在生活地区周围搞好环境卫生，加强灭鼠、灭蜱工作。

2. 初次进入疫区的人应接种森林脑炎疫苗。在疫区工作时应穿戴"五紧"的防护服，即扎紧袖口、领口和裤脚口以防止蜱的叮咬。患者衣服应进行消毒灭蜱。

3. 加强防蜱灭蜱。开展群众性灭鼠、灭蜱活动（因鼠体寄生蜱），减少家畜感染。

4. 在林区工作时穿五紧防护服及高筒靴，头戴防虫罩；衣帽可浸邻苯二甲酸二甲酯，每套 200 克，有效期 10 天。

5. 预防接种：每年 3 月前注射疫苗，第 1 次 2 毫升，第 2 次 3 毫升，间隔 7～10 天、以后每年加强 1 针。

6. 林区工作做好治疗药品应急准备。

7. 一旦不慎被蜱虫叮咬，立即用乙醚、煤油、松节油、旱烟油涂在蜱虫的头部，或在蜱虫旁点蚊香，数分钟后蜱虫被"麻醉"就自行松口，或用液体石蜡、甘油厚涂蜱虫头部，使其窒息松口，不可强行拔除，以免蜱虫部头倒钩越拉越紧，将头留在皮肤内继发感染，如若发生此现象即刻去医院就医。

8. 森林脑炎治疗以对症处理为主，包括降温、止痉以及呼吸衰竭治疗与护理等。抗病毒、血清学、中西医治疗。对森林脑炎来说，目前无特效药物治疗，主要采用疫苗接种进行预防。

9. 森林脑炎患者细胞免疫功能显著低于正常人，可选用人用免疫血清、静脉注射型免疫球蛋白或免疫促进剂，如免疫核糖核酸、胸腺素、转移因子等治疗。

10. 应急职业健康检查。

（四）莱姆病

莱姆病是由伯氏疏螺旋体引起的，一种由媒介蜱传播各种不同基因型的伯氏疏螺旋体引起人和动物多系统和器官损伤的自然疫源性人畜共患病。应急处置措施关键是防蜱灭蜱，避免蜱的叮咬，定期消灭传播媒介蜱及老鼠等。如果在疫区工作，需要做好个人防护，如进入林区、草地时，应穿长袖、长裤衣服，穿着长袜和高帮旅游鞋，最好将袖口、领口、下摆、裤脚口扎紧，以防止蜱虫叮咬，宜快走而勿停留，不要坐或躺在林区草地上休息，也不要把衣服放在草地上；工作结束后要立即洗澡、换衣服。若发现身上有蜱虫叮咬的伤痕或红斑，及时进行消毒和服用抗生素。根据蜱虫的活动特性在工人生活区采用杀虫剂灭蜱。莱姆病疫苗可用于生活或工作在蜱虫的寄生地、草地或森林地区的人们。

如工作场所属于莱姆病疫源地，可对疫源地内的住户房舍、临时宿营地、林中作业区（工）段、旅游景点、道路两旁等重要场所酌情实施药物灭蜱，住户房舍可用2%的马拉硫磷、4%的三溴磷等喷洒室内表面；室外场所可用氯丹、倍硫磷等进行地面喷洒。

（五）艾滋病和体液传播病毒性肝炎

艾滋病和体液传播病毒性肝炎职业暴露主要是医务人员在从事诊疗、护理、医疗垃圾清运等工作，以及人民警察在抓捕罪犯过程中意外被血源性传染病感染者或携带者的血液、体液污染了破损的皮肤或黏膜，或被含有血源性传染病的血液、体液污染了针头及其他锐器刺破皮肤，还包括被这类患者抓伤、咬伤等有可能被血源性传染病感染的事件（意外事件或针刺事件）。

发生血源性病原体意外职业接触后应立即进行局部处理，主要方法包括：

1. 用肥皂液和流动水清洗被污染的皮肤，用生理盐水冲洗被污染的黏膜。

2. 如有伤口，应当由近心端向远心端轻轻挤压，避免挤压伤口局部，尽可能挤出损伤处的血液，再用肥皂水和流动水进行冲洗。

3. 受伤部位的伤口冲洗后，应当用消毒液，如用 70% 乙醇溶液或者 0.5% 聚维酮碘溶液进行消毒，并包扎伤口；被接触的黏膜，应当反复用生理盐水冲洗干净。

4. 预防性用药与应急措施

（1）艾滋病病毒职业暴露后应当尽早预防性用药，最好在 4 小时内实施，最迟不得超过 24 小时；超过 24 小时的，也应当实施预防性用药。如双汰芝（AZT 与 3TC 联合制剂）300 毫克 / 次，每日 2 次，用药时间为连续服用 28 天。可同时增加一种蛋白酶抑制剂，如佳息患或利托那韦。均使用常规治疗剂量，连续服用 28 天。

（2）乙型肝炎病毒职业暴露者如已知 HbsAg 阳性或抗 HBs 阳性，则可不予特殊处理；已知暴露者 HbsAg 和抗 HBs 均阴性，尽快给暴露者肌内注射乙肝免疫球蛋白（HBIG）200 单位和乙肝疫苗；不明确暴露者 HbsAg 阳性或抗 HBs 是否阳性，立即抽血检验核心 HbsAg 和抗原 HBs，并尽快给暴露者肌内注射乙肝免疫球蛋白（HBIG）200U，并根据检验结果参照上述原则进行下一步处理。

（3）丙型肝炎病毒职业暴露可进行抗 –HCV 和 HCVRNA 检测，一旦 HCVRNA 阳性可以立即使用 DAA 小分子药物进行抗病毒治疗。

（六）医务人员锐器伤

锐器伤是医务人员在工作中由针头及其他锐器包括缝针、刀、剪、玻璃碎片等所造成的意外伤害，是医务人员最常见的一种职业性损害。在注射、穿刺、缝合、拔针等过程操作失误、操作中患者烦躁或不配合时导致他人发生意外扎伤、徒手传递锐器时发生刺伤、手持锐器走动过程中旁人被误伤、整理废弃物过程中被刺伤等均可能导致锐器伤。应急处置措施主要包括：

1. **局部紧急处理** 发生物理性职业暴露后必须立即根据情况对暴露的局部进行紧急处理。锐器伤时要立即由近心端向远心端挤血，尽量挤出损伤处的血液，随之采用流动水对受伤部位进行大量冲洗，然后再用肥皂清洗，最后用 0.5% 碘伏或 75% 乙醇或者其他皮肤消毒剂进行局部消毒，并根据情况对伤口进行包扎处理。对被污染的皮肤黏膜立即用自来水或清水冲洗，眼部黏膜被污染后，应避免揉搓眼睛，并立即用自来水或清水冲洗数分钟。感染物污染衣物后，应更换衣物并将污染的衣物，用消毒剂消毒被污染处，然后放入高压灭菌器消毒。

2. **抗体监测及危险性评估** HBV、HCV、HIV 除通过血源性传播外，还可通过其他途径间接传染。因此，HBV、HCV、HIV 暴露后除立即进行局部处理外，应尽早监测抗体，并根据免疫状态（如是否注射过疫苗等）及抗体水平、职业暴露级别、暴露源类型进行相应的危险程度评估，根据情况采取相应的处理措施。HBV、HCV 暴露后 3 ～ 4 周内进行抗体检测，6 个月复查以确定是否感染。HIV 感染后 2 周至 3 个月为窗口期，应于暴露 6 周后、12 周后、6 个月后及 12 个月后检测抗体情况，以确定是否受感染。

（七）医务人员新冠肺炎职业暴露

职业人群在接触新型冠状病毒肺炎患者 / 无症状感染者、被新冠病毒污染的物体或进入存在病毒的场所时，有可能由于无防护或防护失效而导致发生感染和病毒传播，如医务人员、养老机构护理人员、商务旅行人员、公共服务人员、工人等。其中，医务人员为主要的高风险接触人群。应急处置措施主要包括：

1. 新型冠状病毒肺炎职业暴露风险分类

（1）高风险暴露：①皮肤暴露，被肉眼可见的患者体液、血液、分泌物或排泄物等污物直接污染皮肤；②黏膜暴露，被肉眼可见的患者体液、血液、分泌物或排泄物等污物直接污染黏膜（如眼睛、呼吸道）；③锐器伤，被确诊患者体液、血液、分泌物或排泄物等污物污染的锐器刺伤；④呼吸道直接暴露：在未佩戴口罩的确诊患者 1 米范围内口罩脱落，露出口或鼻。

（2）低风险暴露：①手套破损暴露皮肤，但未与肉眼可见的污物直接接触；②外层防护用品接触皮肤或头发，但防护用品上无肉眼可见的污物；③防护服破损，未发生肉眼可见的污物直接接触皮肤；④在确诊患者 1 米以外或佩戴口罩的患者面前口罩脱落。

2. 应急处置和报告流程 新冠肺炎疫情期间，医务人员在感染科和隔离重症监护病房等污染区内发生职业暴露，应就近到有流动水或手卫生设施的位置，对暴露部位立即予以冲洗及消毒等紧急处理，同时报告所在区域负责人；并按流程在指定地点脱除防护用品后，出隔离区并淋浴，呼吸暴露者应规范佩戴 N95 口罩，严重暴露者接受预防用药；完成紧急处置之后由相关专家组给予进一步评估与处置指导，并提交职业暴露情况书面材料。具体应急处置方法如下：

（1）发生低风险暴露可根据情况按个人防护用品异常处理流程

进行处理，更换全套防护用品，无须隔离，需自我监测症状，有症状时随时报告。

（2）若为血液、体液职业暴露，需对暴露源进行相关监测，必要时预防用药，呼吸道直接暴露需按密切接触者管理，需要医学观察者，集中管理点隔离14天，观察期间如出现呼吸道症状，立即至发热门诊就诊。

（3）皮肤被污染物污染时，应立即清除污染物，再用一次性吸水材料蘸取75%酒精、0.5%碘伏或3%过氧化氢消毒剂擦拭消毒3分钟以上，使用清水清洗干净。

（4）眼睛等黏膜被污染物污染时，应用大量生理盐水冲洗或0.05%碘伏冲洗消毒。

（5）针刺伤等锐器职业暴露后，立即在伤口旁由近心端向远心端轻轻挤压，尽可能挤出损伤处的血液，再用肥皂液和流动水进行冲洗，然后用75%酒精或0.5%碘伏消毒，包扎伤口。

（6）口腔暴露后，用大量的生理盐水或0.05%碘伏漱口。

（7）鼻腔暴露后，用棉签蘸75%乙醇轻轻旋转擦拭鼻腔。

（黄世文）

参考文献

[1] 李兰娟，任红．传染病学[M]．9版．北京：人民卫生出版社，2018.8.

[2] 李春辉，黄勋，蔡虻，等．新冠肺炎疫情期间医疗机构不同区域工作岗位个人防护专家共识[J]．中国感染控制杂志，2020，19（03）：199-213.

第四章

职业人群突发生物安全事件心理危机干预

突发生物安全事件由于具有突发性、隐蔽性、不确定性、预防控制困难等特点，进而会导致遭遇该事件的职业群体出现一系列心理应激反应，过度的心理应激可能会引起机体的身心失调状态。因此，需要加强相应职业人群的心理危机干预工作，以减缓突发生物安全事件对职业人群的心理危害。

第一节 突发生物安全事件所致的心理反应

突发生物安全事件所致的心理反应涉及情绪反应、认知反应、自我防御反应和行为反应。

一、情绪反应

突发生物安全事件引发的心理反应主要体现为情绪反应，不仅导致注意力下降、判断能力和社会适应能力下降，还会引发不良行为，如回避与逃避、敌对与攻击、无助及物质滥用等。

（一）焦虑情绪

焦虑情绪是个体面临突发事件时最常见的心理反应。表现为紧张不安、烦躁、心神不宁、担忧的情绪状态。适度的焦虑是有益的，可以调动人的能量，以适当的方式应对突发事件。过度的焦虑则是有害的，个体可能会误判所得信息，从而采取不恰当甚至不理智的行为，并可能危害自身或社会。

（二）恐慌情绪

恐慌情绪是突发生物安全事件下个体的本能反应。与个体息息相关的突发事件，引发的恐慌情绪更具传染性。随时事件的发展，个体情绪逐渐变成一种群体恐慌。突发生物安全事件危险性、威胁性与不确定性推动恐慌情绪形成。比如新冠肺炎疫情具有很大传染性，公众担心自身和家人什么安全受到威胁，进而出现恐慌情绪。

（三）抑郁情绪

抑郁情绪是以情绪低落、精力减退及思维迟缓为主要特征，常伴有躯体不适和睡眠障碍，注意力不集中，严重时出现自杀行为。抑郁情绪常在突发生物安全事件后出现，一项研究发现，新冠肺炎疫情这一突发生物安全事件导致抑郁症患病率的增加高于以往大规模创伤事件发生后的记录。

（四）愤怒情绪

愤怒情绪与恐惧情绪相反，是对目标的一种接受、争夺的情绪反应，与遭遇挫折以及同威胁斗争有关。尤其是在有目的的活动中，所追求的目标受阻，自尊心受到严重损伤，为排除阻碍或恢复自尊而出现的反应状态。愤怒情绪使个体行为冲动，容易激惹，有的不服从管理，甚至出现逃离或攻击性行为。

二、认知反应

（一）常见表现

1. **意识障碍**　表现为意识模糊、意识范围狭小等。
2. **注意力受损**　表现为注意力集中困难、注意范围狭窄等。

（二）认知障碍

1. **感知觉障碍**　出现错觉或幻觉；对与灾难相关的声音、图像、气味等过分敏感或警觉；对痛觉刺激反应迟钝。

2. **思维障碍**　不同程度的意识偏窄，定向力障碍，思维迟钝，强迫性、重复性回忆；灾难的画面会在脑海中反复出现，有自发性语言，思维无条理性，难与人沟通，甚至出现妄想，记忆力减退、健忘。

3. **注意障碍**　注意增强或难以集中、狭窄，不能把注意力和思维从危机事件上转移，缺乏自信，无法作决定，效能感降低。

三、自我防御反应

指面临突发生物安全事件时，个体自觉采用的自我保护方法。其目的在于避免精神上过分的痛苦、不快或不安。

常见的自我防御主要有以下几种：

1. **压抑**　最基本的防御机制，将那些危险的或令人痛苦的想法和感受排除在知觉范围之外，它常是焦虑的来源。

2. **否认**　是指把已发生的痛苦与不快的事加以"否定"，视而不见、听而不闻、竭力回避。它让人有意或无意地拒绝使人感动痛苦焦虑的事件。如拒绝承认突发生物安全事件中亲人的死亡。

3. **躯体化** 把精神上的痛苦、焦虑转化为躯体症状表现出来。如部分有身体障碍和疼痛的患者在生理上查不出原因，但通过心理治疗，障碍和疼痛得到了缓解甚至痊愈。

4. **退行** 是指遇到挫折时，使用早期幼稚的方式应付事变，以得到他人的同情和照顾，躲避所面临的现实问题，减少痛苦。如成年人在内心焦虑时可能不自觉地咬手指等。

5. **合理化** 指一个人遭受挫折或无法达到自己所追求的目标时，常常采用各种"合理的理由"为自己辩解，以原谅自己而摆脱痛苦。如吃不到葡萄说葡萄酸。

6. **幻想** 指通过想象去满足受到挫折后需要没有得到满足的心理。如果成年人常表现出这种应对方式，特别是分不清现实与幻想的内容时，就是病态了。

7. **升华** 是一种较为积极的防御机制，是指将原始冲动以一种能被社会接纳的方式释放出来，既满足了本能欲望，又得到社会的许可。

四、行为反应

突发生物安全事件发生后，个体为缓解应激源对自身的影响，摆脱紧张状态而采取应对方式。突发生物安全事件所致的消极行为反应常有以下几种表现：

（一）逃避与回避

逃避是解除应激源后而采取的远离应激源的行动，回避则是指预见到要有应激源并且在未接触应激源之前就采取行动远离它。逃避和回避都是为了摆脱危机事件的影响，排除烦恼而采取的消极行为。如个体采用不合理消极的方式麻痹自己，摆脱烦恼和焦虑，如酗酒、暴饮暴食、滥用药物等。

（二）敌对与攻击

敌对和攻击共同的心理基础是愤怒，有时甚至出现自伤及伤人行为（如争吵、冲动、伤人、毁物、自伤、自杀等）。敌对表现为不友好、憎恨或者羞辱他人。攻击是通过言语或肢体以进攻的方式对危机做出反应，攻击的对象包括人或物，既可以是别人也可以是本人。

（三）无助与自怜

当环境的要求被认为超出个人的应对能力时，就会产生无助。个体感到无助时动机受损，往往自哀自怜并伴有抑郁情绪。不再采取行动来改变现状，对他人和环境产生怀疑、疏离甚至敌意，且再次遇到应激时也会习惯性地不再寻求社会支持，不能够积极地应对。

（四）退化与依赖

个体经历突发生物安全事件时，采用不成熟的应对方式，如哭啼、倒地、拒绝努力、放弃责任与义务、依赖他人照顾与关心等，以减轻内心的痛苦与压力。退化行为必然伴随着产生依赖心理和行为，过于依赖别人，事事需要他人，而不是靠自己的努力去解决危机。

（五）强迫行为

在难以抑制的意向影响下发生，明知不合理不必要，但自己无法控制，表现为反复回忆、反复计数、反复某些动作（如洗手）、反复消毒、不停地擦拭物品。如新型冠状病毒疫情期间，有些人频繁洗手，反复测量体温，总担心从外界与别人接触后会感染病毒。

洁癖是突发生物安全事件尤其是急性传染病流行时期很容易出现的强迫行为。

第二节　突发生物安全事件下常见的心理应激障碍

经历突发生物安全事件的大多数个体，最初出现的震惊、愤怒、无助及恐慌等，可能会随着时间的流逝而减轻，这是正常的心理应激反应。少数人的应激反应超过一定强度或持续时间超过一定限度，并对其社会功能和人际交往产生了较为明显的影响，便构成了心理应激障碍，包括急性应激障碍、广泛性焦虑障碍、创伤后应激障碍、适应障碍。

一、急性应激障碍

（一）概念

急性应激障碍（acute stress disorder，ASD），即急性应激反应，指由突如其来且异乎寻常的威胁性生活事件和灾难引起的一过性精神障碍。ASD一般会在经历突发事件后几分钟之内出现。

（二）症状

ASD的症状表现主要体现为：①除了初始阶段的茫然状态外，还可能伴有抑郁、焦虑、愤怒、绝望、活动过度、退缩，且没有任何一类症状持续占优势；②如果应激性环境消除，症状会迅速缓解，如果应激持续存在或具有不可逆转性，症状一般在 24～48 小时开始减轻，并且大约在 3 天后往往变得十分轻微。③部分人员在出现 ASD 后，会对自身身体状况过度敏感，并产生各种主观性症状，个人抵抗力也会下降，从而更容易生病。

二、广泛性焦虑障碍

（一）概念

广泛性焦虑障碍（generalized anxiety disorder，GAD），即广泛性焦虑症，是以经常或持续的、全面的、无明确对象或固定内容的紧张不安及过度焦虑感为特征，其紧张不安与恐慌程度与现实处境很不相称。

（二）症状

整日处于大祸临头的模糊恐惧和高度警觉状态，惶惶不可终日。自主神经功能失调的症状经常存在，表现为心悸、出汗、胸闷、呼吸急促、口感、便秘、腹泻、尿急、尿频、周身肌肉酸麻胀痛；运动性不安主要表现为搓手顿足、来回走动、坐立不安、手指震颤、全身肉跳等。由于紧张不安，以及警觉性高，对外界刺激易出现惊跳反应，注意力难以集中，有时感到脑子一片空白。

三、创伤后应激障碍

（一）概念

创伤后应激障碍（post-traumatic stress disorder，PTSD），是指个体经历、目睹或遭遇到一个或多个涉及自身或他人的实际死亡，或受到死亡威胁，或严重受伤，或躯体完整性受到威胁的事件后，

所导致的个体延迟出现和持续存在的精神障碍。

（二）症状

1. **创伤性再体验**　个体的想法、记忆或梦中反复、不自主地涌现与创伤有关的情境或内容，也可出现严重的触景生情反应，甚至感觉创伤性事件好像再次发生一样。

2. **回避和麻木**　与他人疏远，对周围环境毫无反应，快感缺乏，回避易使人联想到创伤的活动或情境。有些患者甚至出现选择性遗忘，不能回忆起与创伤有关的事件细节。

3. **警觉性增高**　自身神经过度兴奋状态，表现为过度警觉、惊跳反应增强、失眠、注意力不集中。焦虑和抑郁常与上述症状并存。

部分 COVID-19 患者在经历 COVID-19 后，可能出现焦虑、抑郁、恐惧等情绪，以及噩梦、逃避行为等，产生 PTSD。在高风险场所如传染病房工作的医护人员患 PTSD 的概率是没有在这些场所暴露者的 2 ～ 3 倍。

四、适应障碍

（一）概念

适应障碍指经历应激事件时所产生的短期和轻度的烦恼状态和情绪失调，常有一定程度的行为变化等，但并不出现精神病性症状，通常在应激性事件发生后 1 个月之内。突发生物安全事件发生后要警惕出现适应障碍。如新冠肺炎病毒以及由此引发的亲友的感染、病种、甚至离世，长期居家不能外出，害怕自身感染等各种因素，都可能诱发适应障碍。

（二）症状

适应障碍的临床表现形式多样，主要以情绪障碍为主，如抑郁、焦虑、烦恼，感到对目前的处境不能应付，无从计划，难以继续。同时有不愿与人交往、退缩等适应不良行为和睡眠不好、食欲缺乏等生理功能障碍。但严重程度达不到焦虑症、抑郁症或其他精神障碍的标准，而且个体的工作、人际交往等社会功能受损，病程至少 1 个月，最长不超过 6 个月。

第三节　突发生物安全事件下心理问题产生原因

突发生物安全事件对职业人群产生心理作用不单是恐惧信息的传播，而是通过个体认知评价、个性特征、应对方式和社会支持等中间多种因素的影响或中介作用，最终以心理应激反应的形式表现出来。

一、认知评价

认知评价是个体从自己的角度对遇到突发事件的性质、程度和可能的危害情况做出估计，同时也估计面临突发事件时个体可用的资源。突发生物安全事件发生时，个体会对该事件的性质、严重程度和可能的危害情况进行评估。认知评价分为初级评价和次级评价两步。当突发生物安全事件发生后，个体会立即通过认知活动判断该事件与自己是否有利害关系，此为初级评价。若有关系，个体立

即会对自身是否有能力和资源来应对进行评估，此为次级评价，即个体是否能够对抗突发事件带来的威胁、伤害或挑战。当个体感觉自己无法应对或应对能力很弱时，心理应激体验就会很强烈。研究表明，个体的认知与某些心理疾病的发生、发展和康复有密切的关系，患者对突发事件的正确认知和评估有利于降低患者的心理应激水平。

二、个性特征

个性特征指应激个体本身的性别、年龄、民族文化、人格等特征，是公众个体应激系统中的核心因素。个性特征会影响对应激事件的认知评价、应对方式、社会支持等，并进而影响心理应激的反应。情绪不稳定、敌意和缺乏控制感等都属于应激的易感个性特质。多项研究表明，即使面对同样的应激事件，在不考虑认知评价的情况下，一些个体相对另一些个体具有高心理应激反应性。性格较为内向、不愿参与交流、习惯好静不好动、依从性和依赖性过强，以及情绪不稳定的个体面对突发生物安全事件时更容易出现心理问题。

三、应对方式

应对方式是个体对生活事件及因该事件而出现的自身不稳定状态所采取的认知和行为措施。应对方式主要包括求助、逃避、合理化、自责、幻想、问题解决六种方式。另外，从应对方式的指向来看，又分为问题关注应对和情绪关注应对两种。从应对是否有利于缓冲应激的作用，从而对健康产生有利或不利影响来看，有积极应对和消极应对。有益的心理应付方式包括求助、积极解决问题，适应和面对现实，发泄或倾诉负性情感，回避痛苦情景，接受或推卸责任等；无益或不良的心理应付方式如过度使用烟、酒、镇静药等成瘾物质，攻击行为，自伤或自杀等。这些有益的和无益的心理应付方法都可以缓解即刻的应激反应，但无益的应付方法对于持久的应激反应不但无效，而且损害健康。

面对突发生物安全事件，如果人们能够成功应对，则可以提高人们对于应激的适应性，维持情绪的平衡和社会功能，否则会产生心理应激反应，严重者会出现心理问题。尤其是当个体采用逃避、自责、情感麻木等消极应对方式时，更容易损害个体的情绪健康。

四、社会支持

社会支持主要反映遭遇应激事件的个体与亲人、社会等人文环境的亲密程度。主要包括亲人、朋友、同事、邻居等提供的物质与精神帮助，可以以家庭、单位以及其他社会组织等形式所支持。研究结果显示，社会支持系统是个体在应激反应过程中的"可以利用的外部资源"，与应激个体的其他个性特征有交互作用，对应激个体有减轻应激反应、保护身心健康的作用，可以降低心身疾病的发生和促进疾病的康复。社会支持对应激能起到一种缓冲和调节的作用，帮助患者弱化其应激水平。针对 SARS 患者的相关研究指出，高程度的社会支持会减少患者的恐慌情绪，并提高其心理防御反应。遭遇突发生物安全事件的个体，若获得较低的社会支持，感受不到被关注、被支持、被理解或同情，则应激反应就会加强，进而出现心理问题。

第四节　突发生物安全事件下心理问题评估

由于突发生物安全事件的意外性和紧迫性，极易引发职业群体

的恐慌进而出现各种应激反应乃至心理问题。因此，有必要根据突发生物安全事件及当事人的状况，采用相应的方法和手段对当事人进行迅速、有效的心理评估。

一、心理评估常用方法

心理评估一般包含三种方式。

1. **访谈法**　通过面对面交谈，评估当事人目前的心理功能状态，可从认知、情绪和行为几个方面进行。这些内容可在交谈时直接观察，也可提出问题让当事人回答，或者按照诊断量表进行结构式访谈。

2. **行为观察法**　包括自然观察和控制观察，主要观察当事人的行为表现。行为观察的目标包括：外观仪表、言语和动作风格、人际沟通风格以及应对方式等。

3. **心理测量**　主要是采用心理测验这一工具对当事人进行心理评估。

二、心理评估常用量表

（一）一般健康问卷（GHQ-12）

GHQ-12 为世界卫生组织（WHO）认可的对精神情况的调查工具（表 4-1）。该问卷在职业人群中具有较高的信度和效度，共有 12 个条目，每个条目有 4 个选项，选择前两项者计 0 分，选择后两项者计 1 分，总分范围为 0～12 分，4 分以上提示存在心理问题。

表 4-1　一般健康问卷（GHQ-12）

指导语： 请在以下问题中最适当的一栏画"√"。请回答所有的问题。这里的问题是针对从 2、3 周前到现在的状况。

1. 在做什么事情的时候，能集中精神吗？	能集中	和平时一样	不能集中	完全不能集中
2. 有由于过分担心而失眠的情况吗？	没有过	和平时一样	有过	总这样
3. 觉得自己是有用的人吗？	有用	和平时一样	没有用	完全没有用
4. 觉得自己有决断力吗？	有	和平时一样	没有	完全没有
5. 总是处于紧张状态吗？	不紧张	和平时一样	紧张	非常紧张
6. 觉得自己不能解决问题吗？	能	和平时一样	不能	完全不能
7. 能享受日常活动吗？	能	和平时一样	不能	完全不能
8. 能够面对你所面临的问题吗？	能	和平时一样	不能	完全不能
9. 感到痛苦、忧虑吗？	不觉得	和平时一样	觉得	总是觉得
10. 失去自信了吗？	没有	和平时一样	失去	完全失去
11. 觉得自己是没有价值的人吗？	没有觉得	和平时一样	觉得	总是觉得
12. 觉得所有的事情都顺利吗？	顺利	和平时一样	不顺利	完全不顺利

计分方法： 每个条目有 4 个选项，选择前两项者计 0 分，选择后两项者计 1 分，总分范围为 0～12 分，总分 ≥ 4 分提示存在心理问题。

（二）焦虑自评量表（SAS）

SAS 是用于了解焦虑症状轻重程度的自评工具，已成为心理咨询师、心理医生、精神科医生最常用的心理测量工具之一（表4–2）。该量表共包含 20 个题目，采用 4 级评分，其中 15 个正向评分，5 个（带 ＊ 号）反向评分。20 个项目所得的分数即为粗分，粗分乘以 1.25 取整数后，即为标准分。SAS 标准分 50 分以上提示存在焦虑症状，分数越高，焦虑程度越重。

表 4–2　焦虑自评量表（SAS）

指导语: 请仔细阅读每一条，把意思弄明白，每一条文字后有四级评分，表示：没有或偶尔；有时；经常；总是如此。然后根据您最近一星期的实际情况，在分数栏 1 ～ 4 分适当的分数下画"√"。				
	没有或偶尔	有时	经常	总是如此
1. 我觉得比平时容易紧张和着急	1	2	3	4
2. 我无缘无故地感到害怕	1	2	3	4
3. 我容易心里烦乱或觉得惊恐	1	2	3	4
4. 我觉得我可能将要发疯	1	2	3	4
5. 我觉得一切都很好，也不会发生什么不幸 ＊	1	2	3	4
6. 我手脚发抖打颤	1	2	3	4
7. 我因为头疼、头颈痛和背痛而苦恼	1	2	3	4
8. 我感到容易衰弱和疲乏	1	2	3	4
9. 我觉得心平气和，并且容易安静坐着 ＊	1	2	3	4
10. 我觉得心跳得很快	1	2	3	4

续表

11．我因为一阵阵头晕而苦恼	1	2	3	4
12．我有晕倒发作或觉得要晕倒似的	1	2	3	4
13．我呼气、吸气都感到很容易 *	1	2	3	4
14．我手脚麻木和刺痛	1	2	3	4
15．我因为胃痛和消化不良而苦恼	1	2	3	4
16．我常常要小便	1	2	3	4
17．我的手脚常常是干燥温暖 *	1	2	3	4
18．我脸红发热	1	2	3	4
19．我容易入睡，并且一夜睡得很好 *	1	2	3	4
20．我做恶噩梦	1	2	3	4

计分方法： 若为正向评分题，依次评为粗分 1、2、3、4 分；反向评分题（带有 * 号者），则评为 4、3、2、1 分。20 个项目得分相加即得粗分，粗分乘以 1.25 以后取整数部分，即为标准分。SAS 标准分的分界值为 50 分，其中 50 ～ 59 分为轻度焦虑，60 ～ 69 分为中度焦虑，69 分以上为重度焦虑。

（三）抑郁自评量表（SDS）

SDS 是用于了解抑郁症状轻重程度的自评工具，已成为心理咨询师、心理医生、精神科医生最常用的心理测量工具之一（表4-3）。该量表共包含 20 个题目，采用 4 级计分，其中 10 个正向计分，10 个（带 * 号）反向计分。20 个项目所得的分数即为粗分，粗分乘以 1.25 取整数后，即为标准分。SDS 标准分 53 分以上提示存在抑郁症状，分数越高，抑郁程度越重。

表 4-3　抑郁自评量表（SDS）

指导语： 请仔细阅读每一条，把意思弄明白，每一条文字后有四级评分，表示：没有或偶尔；有时；经常；总是如此。然后根据您最近一星期的实际情况，在分数栏 1～4 分适当的分数下画"√"。

	没有或偶尔	有时	经常	总是如此
1. 我觉得闷闷不乐，情绪低沉	1	2	3	4
2. 我觉得一天中早晨最好 *	1	2	3	4
3. 一阵阵哭出来或觉得想哭	1	2	3	4
4. 我晚上睡眠不好	1	2	3	4
5. 我吃得跟平常一样多 *	1	2	3	4
6. 我与异性密切接触时和以往一样感到愉快 *	1	2	3	4
7. 我发觉我的体重在下降	1	2	3	4
8. 我有便秘的苦恼	1	2	3	4
9. 心跳比平常快	1	2	3	4
10. 我无缘无故地感到疲乏	1	2	3	4
11. 我的头脑和平常一样清楚 *	1	2	3	4
12. 我觉得经常做的事情并没有困难 *	1	2	3	4
13. 我觉得不安而平静不下来	1	2	3	4
14. 我对未来抱有希望 *	1	2	3	4
15. 我比平常容易生气激动	1	2	3	4
16. 我觉得做出决定是容易的 *	1	2	3	4
17. 我觉得自己是个有用的人，有人需要我 *	1	2	3	4
18. 我的生活过得很有意思 *	1	2	3	4
19. 我认为如果我死了，别人会生活得更好	1	2	3	4
20. 平常感兴趣的事我仍然感兴趣 *	1	2	3	4

计分方法： 若为正向评分题，依次评为粗分 1、2、3、4 分；反向评分题（带有 * 号者），则评为 4、3、2、1 分。20 个项目得分相加即得粗分，粗分乘以 1.25 以后取整数部分，即为标准分。SDS 标准分的分界值为 53 分，其中 53～62 分为轻度抑郁，63～72 分为中度抑郁，72 分以上为重度抑郁。

（四）急性应激障碍量表（ASDS）

ASDS 作为自评问卷，除了用于评定急性应激障碍外，还可以预测创伤后应激障碍的发生风险（表4-4）。它基于《美国精神障碍诊断统计手册（第四版）》（DSM-Ⅳ）标准制定，共有 19 个项目，包括解离、闯入、回避和高警觉 4 个维度，采用 5 级计分，得分越高，急性应激症状越明显，高于 56 分者即考虑存在急性应激障碍。

表 4-4　急性应激障碍量表（ASDS）

指导语：请回答以下问题，描述你在事件发生后的感受。在每个问题后选择一个数字来表示你的感受。					
	完全没有	有一点	中等的	比较明显	非常明显
1．情感麻木	1	2	3	4	5
2．环境观察力减低	1	2	3	4	5
3．现实解体	1	2	3	4	5
4．人格解体	1	2	3	4	5
5．分离性遗忘	1	2	3	4	5
6．闯入性回忆	1	2	3	4	5
7．噩梦	1	2	3	4	5
8．再体验	1	2	3	4	5
9．情绪反应	1	2	3	4	5
10．回避回想	1	2	3	4	5
11．回避谈及	1	2	3	4	5
12．回避相关提示物	1	2	3	4	5
13．回避相关情感	1	2	3	4	5
14．睡眠问题	1	2	3	4	5

续表

	一点也不	有一点	中度的	相当程度的	极度的
15. 易激惹	1	2	3	4	5
16. 注意力问题	1	2	3	4	5
17. 过度警觉	1	2	3	4	5
18. 惊跳反射过程	1	2	3	4	5
19. 生理反应	1	2	3	4	5

计分方法："完全没有"计 1 分 ～ "非常明显"计 5 分，各项分数相加即为总分。总分＞56 分提示存在急性应激障碍。

（五）创伤后应激障碍清单（PCL-C）

PCL-C 主要用于评定受试者有无创伤后应激症状，既可以筛查现有的 PTSD 患者，也可以对以后是否发生 PTSD 进行预测（表 4-5）。PCL-C 共有 17 项症状，包括闯入性症状、回避症状和警觉性增高症状三大组，每项症状的严重程度按 1（没有发生）～ 5（极重度）5 级评分，总分 17 ～ 85 分，可分为再体验、回避 / 麻木和高警觉 3 个分量表。总分和各因子分可作为心理健康水平的指标。当受试者总分≥ 50 分，则诊断为 PTSD 的可能性较大，为筛查阳性。

表 4-5　PTSD 自评量表（PCL-C）

指导语：下表中的问题和症状是人们通常对一些紧张生活和事件经历的反应。请仔细阅读每一个题目，对上一个月内，各类事件和问题对您产生的烦扰程度进行评分，请在右框打钩选择。					
	一点也不	有一点	中度的	相当程度的	极度的
1. 反复回忆应激的经历，不断地想起或者产生想象，并对自己产生困扰	1	2	3	4	5

续表

2. 反复出现关于应激事件的噩梦	1	2	3	4	5
3. 突然感觉好像过去经历的应激事件又再次发生了	1	2	3	4	5
4. 当某些事件勾起对应激经历的回忆时，您会心烦不安	1	2	3	4	5
5. 当某些事物勾起您对应激经历对回忆时，会出现一些生理反应（比如，心跳加速，呼吸困难，出汗）	1	2	3	4	5
6. 刻意回避想起或谈论应激经历或者回避与之相关的情绪	1	2	3	4	5
7. 刻意回避使你想起那段应激经历的活动或场合	1	2	3	4	5
8. 记不起应激经历的重要内容	1	2	3	4	
9. 对过去喜欢的活动失去兴趣	1	2	3	4	5
10. 感觉与他人疏远或脱离	1	2	3	4	5
11. 感情麻木或感受不到与亲近之人的爱	1	2	3	4	5
12. 感觉好像未来会由于某种原因被突然中断	1	2	3	4	5
13. 入睡困难或易醒	1	2	3	4	5
14. 易怒，容易爆发愤怒	1	2	3	4	5
15. 难以集中注意力	1	2	3	4	5
16. 处于过度机警、警戒状态	1	2	3	4	5
17. 感觉神经质，易受惊吓	1	2	3	4	5

计分方法： 各项分数相加即为总分。参考值范围为 38 ～ 47 分。17 ～ 37 分，无明显 PTSD 症状；38 ～ 49 分，有一定程度的 PTSD 症状；50 ～ 85 分，有较明显的 PTSD 症状，可能的诊断为 PTSD。（结果非诊断性，仅供参考）

突发生物安全事件下心理危机干预

任何突发生物安全事件都可能会造成短期和中长期影响，包括所涉及人群出现各种心理问题、甚至增加发生急性应激障碍、创伤后应激障碍等精神疾病的风险。若不及时进行心理干预，将会造成长期且深远的心理健康损害。因此，对遭遇突发生物安全事件的个体和群体开展心理危机干预极为必要。

一、心理危机与心理危机干预

心理危机是指个体在遇到了突发事件时，既不能回避又无法用自己的资源和应对方式来解决时所产生的心理失衡状态。

心理危机干预指对处在心理危机状态下的个体采取明确有效措施，使之恢复心理平衡，重新适应生活。

心理危机干预遵循正常化和稳定化两个原则。面对危机事件出现恐惧等情绪是正常的，大多数人经过一段时间自己能从这种情绪中走出来。若个体出现心理应激症状，首先需要进行自我调节，如找人倾诉，不压抑负面情绪；通过自己的兴趣爱好，比如听音乐、健身活动等转移注意力；要保持原来的生活规律，让身心状态稳定化。

二、心理危机干预原则和步骤

（一）心理危机干预的原则

1. 心理危机干预需多方协作　心理危机干预是医疗救援工作的一个组成部分，应该与整体救援工作结合起来，以促进社会稳定为前提。

2. 充分保护受干预对象的权益　心理危机干预活动一旦进行，应该采取措施确保干预活动得到完整地开展，避免再次创伤。严格保护受助者的个人隐私，不随便向第三者透露受助者个人信息。

3. 以科学的态度对待心理危机干预　心理危机干预是医疗救援工作中的一部分，不是"万能钥匙"，不能凌驾于其他救援内容之上，更不可因此影响当地社会和公众情绪的稳定。

（二）心理危机干预的程序（图 4-1）

1. 确定问题　从心理诊断的角度，确定被援助者问题的性质和严重程度。

2. 保证安全　将保证被援助者的安全作为首要目标。简单地来说，就是对自我和他人的生理和心理危险性降低到最小的可能性。

① 确定问题	② 保证安全	③ 给予支持
要从心理诊断的角度，科学的确定问题的性质和严重程度。	对自我和他人的生理和心理危险性降低到最小的可能性。	主要是倾听而非采取行动，让来访者知道这里确实有一个人在真心的关心他。

④ 提供方法
帮助被援助者认识到，有许多可变通的应对方式可供选择。

⑥ 得到承诺
从被援助者那里得到诚实，直接和适当的承诺。

⑤ 制订计划
和被援助者共同制订步骤来矫正其情绪的失衡状态。

图 4-1　心理危机干预的一般程序

3. **给予支持**　主要采取倾听而非行动，让被援助者知道有人在真心关心他。

4. **提供方法**　被援助者处于思维不灵活的状态，帮助被援助者认识到，有许多可变通的应对方式可供选择。

5. **制定计划**　与被援助者共同制订行动步骤来矫正其情绪失衡状态。

6. **得到承诺**　从被援助者那里得到诚实、直接和适当的承诺。让被援助者复述一下计划："请跟我讲一下你将采取哪些行动，以保证你不会大发脾气，避免危机的升级"。

三、心理危机干预的具体技术

（一）一般支持性技术

1. **倾听技术**　突发生物安全事件下，部分个体的心理平衡被打破，随后出现无所适从、思维和行为的紊乱。因此，干预者应注重倾听，对当事人的不良情绪状态要进行及时宣泄和疏导，通过言语和非言语的技术，让其表达内心的痛苦。即使作为非专业人员，对当事人的耐心倾听都可以在很大程度上平复当事人的情绪状态。

2. **沟通技术**　在与对方沟通时要做到：表情亲切、目光和蔼、语气平缓、姿势放松；同时，用心聆听、感同身受、准备表达、开放提问；此外，避免使用专业或难懂的术语，避免给予过多的保证。

3. **稳定情绪技术**　在良好的倾听和理解支持的基础上，增强安全感，提供准确、权威的信息，给予实际的帮助，都是稳定情绪的主要措施。运用言语和行为的支持，帮助受干预者适当释放情绪，恢复心理平静，也是允许的。同时，帮助受干预者积极寻找社会支持，并提供心理危机识别和应对的知识，均有助于个体稳定情绪。

4. 情感支持技术 对危机中的个体进行充分的情感支持，不仅有利于其情绪的充分表达，也有利于干预者对其心理健康状态进行准确的把握。做到这些，同理心就显得尤为重要，只有真正走进对方的内心世界，才能真正理解问题的实质，提供切实有效的情感支持。干预者不仅要给予情感支持，也要有指导，更要给出具体可行、有针对性的行动措施。

5. 放松训练技术 放松训练是心理危机干预中最常使用的稳定化技术。常用的放松训练主要包括呼吸放松训练、肌肉放松训练和想象放松训练三种。呼吸放松训练时，保持舒适的姿势，缓慢地通过鼻孔进行深而慢的呼吸，同时感觉腹部的起伏。肌肉放松是通过有意识地感觉主要肌肉群的紧张和放松，从而自动地缓解不需要的紧张。想象放松法主要通过想象和体验宁静、轻松、舒适情景，来减少紧张与焦虑，引发注意力集中的状态，增强内心的愉悦感和自信心。比如可以听放松的音乐或找一个安静的场所进行冥想放松等。

（二）心理急救技术

世界卫生组织将心理急救定义为"为经历严重危机事件的人提供人道的、支持的回应"。心理急救包括：①提供实际的照顾和支持，但不强迫；②评估需求和关注；③帮助人处理实际的需求；④倾听但不强迫对方诉说；⑤安慰对方使其平静下来；⑥链接资源使对方获得信息、服务和社会支持；⑦保护对方免受进一步伤害。

在开展心理急救时，要包含以下五个步骤，具体做法如下：

1. 关系建立和反映性倾听 平静、自信地陪伴，表达共情，建立安全、理解、非判断性、接受和尊重的氛围，对有需要的人进行干预。减少干扰，确保安全，自我介绍，真诚、直接表达，觉察自己的语气、语调和音量。澄清问题、收集信息、解决现实问题。倾听时点头说"嗯、是的、对",重复对方的表述,还可以问"您是否需要一杯水?"

2. **评估(倾听故事)** 故事由发生的事情(突发生物安全事件)和患者对事件的反应(体征和症状)组成。主要任务:①三个判别问题筛查(1. 是否需要帮助? 2. 是否身心功能受损? 3. 是否需要进一步评估? 六个方面:身心状态? 安全性? 情感和行为表达? 认知功能? 社会支持? 资源?);②五个维度评估(认知、情感、行为、生理和精神信仰的不良应激及失功能应激反应水平)分出轻、中、重。

3. **心理分级、优先排序** A= 紧迫 + 严重,B= 严重 + 不紧迫或者紧迫 + 不严重,C= 不严重 + 不紧迫。紧迫性优先:①医疗危机;②身体需求(水、食物、住所);③安全;④心理/行为不稳定:三个方面,一是行为冲动倾向;二是认知能力下降(洞察力、回忆、解决问题),但最重要的是理解行为后果的能力下降;三是对未来方向的严重丧失或无助感。⑤创伤后疾病/功能障碍的预测因素(创伤暴露程度、内疚、自责、解离、抑郁、生命威胁、ASD、PTSD、目睹死亡、头部受伤)。

4. **干预** 满足基本生理需要,宣泄情绪、解释性指导(对已经发生的症状进行正常化)、预期性指导(对可能会发生的症状进行预期告知)、压力管理(睡眠、营养、放松、锻炼)、未来导向(希望)、争取亲友支持、延迟重大决定、询问对方最需要什么、现场要有人陪伴。

5. **处置** 总结互动要点,询问当前感觉,制订下一步计划,转介更高级机构,随访计划,鼓励和支持。

总之,开展心理急救时,最重要的要有"三心"。第一要有耐心,耐心倾听,积极倾听,能够及时疏导被干预者的情绪。第二要有细心，能够运用具体化技术，及时发现对方的问题及资源。第三要有爱心，要全身心的投入，主动助人，热心帮助对方解决现实问题。只有这样，才能赢得对方的信任与合作，达到心理干预的有效目的。

（三）"简快重建"团体干预

"简快重建"团体干预适用于大规模的初级心理援助，每次团体干预的时间约为 1.5 小时。一般可以分为五个步骤（图 4-2）。

1. 导入 指导者表达共情，说明来意，介绍本次团体任务、程序、设置、隐私与保护。参与者自我介绍。

2. 呈现问题 要求所有参与者呈现当前最受困扰的问题或症状，需留心发言的走向，不鼓励成员卷入情绪，避免负性场景的详述。问题呈现是否充分，暴露程度是否适当，直接关系到团体成效和参与者的感受。

3. 信息传递 使参与者了解其所出现的症状是人类经历应激事件的正常反应，可由指导者介绍人类面临突发公共卫生事件（如新冠肺炎疫情）可能出现的反应及其发展、转归的规律。

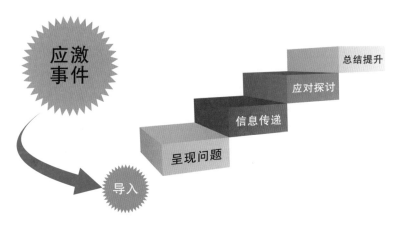

图 4-2 "简快重建"团体干预示意图

4. 应对探讨 帮助参与者梳理、联络外部资源以及个人既往的资源。了解积极应对方式，制订下一步计划。指导者可提供资源信息（如心理援助热线），提供部分应激干预技能的示范（如蝴蝶拍等技术）。

5. 总结提升 回顾本次团体干预的过程，总结本次的收获与感悟、引导小组成员看到更多的资源、途径、方法以及改善的希望。可以根据团体人数和时间，决定是否邀请个别成员或全体成员分享收获或感悟。

（四）紧急事件晤谈技术

紧急事件晤谈技术是一种通过交谈来减轻压力的团体危机干预技术。该技术适用于经历危机事件存在一般应激性身心反应的人群。危机事件发生后的 24 小时至 48 小时是应用紧急事件晤谈技术的最佳时段。该技术包括以下六个阶段，整个过程需要 2 ～ 3 个小时。

1. 介绍阶段 参与者按圆形围坐，指导者进行自我介绍，介绍 CISD 的规则、保密事项，邀请成员轮流自我介绍，指导者与参与者建立起相互信任的关系。

2. 事实阶段 要求所有参与者从自己的角度，提供危机事件中发生的一些具体事实；询问他们在这些严重的事件过程中的所在、所闻、所见和所为。鼓励每个参与者发言，不做批评、判断，须一视同仁。

3. 感受阶段 鼓励参与者表达自己对危机事件的最初的想法和感受。如：事件发生时您有何感受？您目前有何感受？以前您有过类似感受吗？本阶段参与者可能会有很强烈的情绪。指导者要处理好当事人的自责、内疚等感受。识别和讨论情绪是创伤愈合的重要环节。

4. **症状阶段** 请参加者描述自己的急性应激障碍的症状，如失眠、没有胃口、脑中反复闪现某件事的影子、注意力不集中、记忆下降，易发脾气等。在这个阶段，需要注意避免将个体的反应病理化，不要贴"疾病"的标签。

5. **辅导阶段** 指导者介绍应激下的正常反应，指出参与者所描述的症状是非常状态下的正常反应。讨论积极的应付方式，指出可能会出现的并存问题，如借酒浇愁等行为。

6. **恢复阶段** 总结会谈过程，回答问题，讨论行动计划，强调社会支持，挖掘可用资源。同时提醒：若两个月后还感到特别痛苦，请与当地的心理卫生机构联系，学会利用能帮助自己的各种资源。

此外，危机干预技术还包括电话危机干预、面谈危机干预及社区危机干预等多种方式。在创伤事件后，应激反应严重的当事人，大多伴有焦虑、恐惧及抑郁等负性情绪，应予以积极的心理治疗，必要时结合药物治疗，以最大限度减轻其痛苦。

最后，面临突发危机事件，我们每个人都要有正确、良好的基本应对态度，学会接纳并可以面对和处理恐惧、悲观的情绪，牢记危机中蕴含了机会。在中国，诸如新冠肺炎疫情等突发生物安全事件发生后，党和政府、社会各界都在积极应对，并向可以防控的方向发展。如果有备而战，勇气和信心充足，胆大心细，既弘扬大无畏的献身精神和乐观主义精神，又讲究科学理性，我们就能减少无谓的损耗和牺牲，战胜各种困境。

（聂光辉）

参考文献

[1] 许毅. 新型冠状病毒肺炎心理危机干预实战手册 [M]. 杭州：浙江大学出版社，2020.

[2] 施剑飞，骆宏. 心理危机干预实用指导手册 [M]. 宁波：宁波出版社，2016.

[3] 马存根，朱金富. 医学心理学与精神病学 [M]. 北京：人民卫生出版社，2019.

[4] 孙宏伟，马长征，王胜男，等. 心理危机干预 [M]. 北京：人民卫生出版社，2018.

[5] 姚树桥，杨艳杰. 医学心理学 [M]. 7 版. 北京：人民卫生出版社，2018.

第五章

职业人群突发生物安全事件案例分析

第一节　炭疽病

一、炭疽病案例

2021 年 8 月 15 日，山东省疾病预防控制中心报告了两例炭疽确诊病例，其中一例是一名 14 岁学生（患者 A），另一例是一名 35 岁男子（患者 B），长期从事屠宰工作。根据现场流行病学调查，患者 A 于 7 月 28 日突然出现发热、全身乏力、腹泻、干呕、抽搐等症状，并在首次发病当晚和 7 月 30 日被人两次送到某村卫生室就医。7 月 31 日，患者 A 在村卫生室输液时突然出现神志不清、颈部强直、破伤风等症状，随后立即被转送至某医科大学附属医院进行救治。患者 A 最终于 8 月 6 日抢救无效死亡。根据实验室对患者 A 的脑脊液、血清抗体、血培养检查结果，专家初步判断患者 A 死亡原因是由败血症引起的肠炭疽或脑膜型炭疽。8 月 8 日，患者 B 被确诊为疑似病例，已被转移至传染病医院进行隔离治疗，后经山东省疾控中心确诊为皮肤炭疽。患者 B 曾于 7 月 25 日在患者 A 的家中屠宰过病牛。

二、炭疽病基础知识

1. 什么是炭疽病

炭疽病是由炭疽芽孢杆菌引起的一种人畜共患传染病，病死率高，对牛、马、羊、骆驼、驴等食草动物危害最为严重，人可因食用病畜的肉类或直接接触病畜及其产品而感染。

2. 炭疽病传染源有哪些

炭疽病的主要传染源包括患病的动物（马、牛、羊、驴等）、炭疽患者以及被炭疽杆菌污染的皮、毛、肉等产品（图 5-1）。

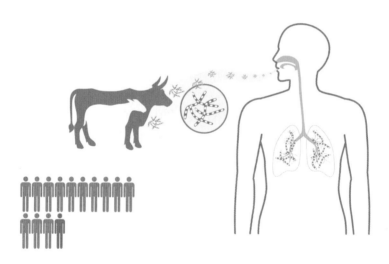

图 5-1　炭疽病传染源

3. 哪些人群容易感染炭疽病

感染炭疽病的人群多为从事牛羊养殖、屠宰和贩卖牲畜及其相关制品的人群以及从事皮毛加工处理的职业人群。

4. 人是如何感染炭疽病的

人主要通过以下三种途径感染炭疽病：

（1）**经皮肤接触感染：**为炭疽病最常见的一种感染途径。人在接触炭疽病畜及其制品时，炭疽杆菌可从人体破损的皮肤伤口进入体内后感染，主要发生在皮肤暴露部位，如手臂、面颈。

（2）**经呼吸道吸入感染：**主要是吸入了含有炭疽杆菌的飞沫或粉尘，可引起肺炭疽，在皮毛加工厂的工人多见。

（3）**经消化道食入感染：**主要是食入了未煮熟的被炭疽杆菌污染的病畜肉类食品而引起，偶尔可因饮入被炭疽病菌污染的水或牛奶而患病，与患者一起进食的人可相继发病。

5. 人感染炭疽后有哪些症状呢

炭疽病主要包括皮肤炭疽、肺炭疽、肠炭疽三种临床类型，其中皮肤炭疽最为常见，占全部病例的 95% 以上。炭疽败血症和脑膜炎炭疽较为少见（图 5-2）。

（1）**皮肤炭疽：**皮肤病变多见于面、颈、肩、手、脚等暴露部位。主要表现为局部皮肤斑疹或丘疹、水疱、溃疡、焦痂和周围组织广泛水肿，稍有痒感，疼痛不明显。

（2）**肺炭疽：**急性起病，患者初期表现为低烧、乏力、全身不适、干咳、肌肉疼痛等上呼吸道感染症状，2～4 天后症状加重，出现寒战高热、咳嗽加重、胸痛、呼吸困难、发绀、咯血等症状。若患者并发休克、脑膜炎、败血症，可于出现呼吸困难后 1～2 天死亡。

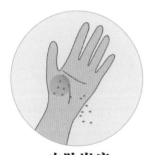

皮肤炭疽

通过破损的皮肤接触污染的皮毛等畜产品而感染

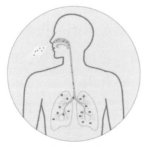

肺炭疽

通过吸入含有炭疽杆菌的气溶胶或尘埃感染

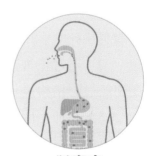

肠炭疽

主要通过进食带菌肉类而感染

图 5-2　炭疽病的感染途径和症状

（3）**肠炭疽：**症状轻者如食物中毒表现，出现恶心、呕吐、腹泻、腹痛，可伴发热，严重者有持续性呕吐和腹泻、剧烈腹痛、吐血、排血性水样便，腹部有明显的压痛、反跳痛等症状，易并发败血症和感染性休克。

（4）**脑膜炎炭疽：**极少见，多继发于各种炭疽并有败血症者。病情发展迅猛，起病时表现为严重的全身中毒症状，患者有呕吐、惊厥、昏迷、脑膜刺激征等症状，病死率高。

6. 炭疽病会发生人传人吗

炭疽病通过接触患者被感染的概率较低，在人与人之间一般不会像流感或新型冠状病毒肺炎那样易于传播，但偶尔可发生人传人。此外，由于皮肤炭疽病灶处可排菌，在接触此类炭疽病例时，也需注意做好个人防护，避免接触病例的皮肤渗出物、呕吐物、体液及排泄物。

7. 炭疽患者是否需要隔离

炭疽病例的排出物可造成环境污染，其他人接触被炭疽杆菌污染的环境可被感染，因此按照我国相关规定，炭疽患者需要进行隔离治疗。

8. 日常生活中如何预防炭疽病

（1）感染炭疽杆菌的病畜通常可在短时间内发病死亡，所以不要购买病死牛、羊肉以及来源不明的肉制品。

（2）通过正规途径购买经过合格检疫的牛羊肉等，市售牲畜肉类均经过严格检疫，可放心食用。

（3）在加工肉类食品时，应注意生熟分开，烹饪时要将肉类充分煮熟烧透后再食用。

以上措施不仅可以预防炭疽病，也可以预防其他传染病（如布鲁氏菌病）。

三、案例分析

1. 具体案例解析

据了解，该案例中的患者 A 是一名 14 岁学生，其家庭成员中有多人从事养牛、屠宰等职业，庭院中有屠宰设施和冷库。患者 A 曾多次经过屠宰现场，还参与了冷库牛肉的搬运。疾控人员从患者 A 家的庭院和冷库采集的环境标本中均检出了炭疽杆菌。据此判断是由于炭疽杆菌污染了居家环境或食物，患者 A 通过接触或食用被污染的食品而感染炭疽。而患者 B 曾在患者 A 家里屠宰过一头病牛，最后被确诊为皮肤炭疽，据此推断患者 B 是通过接触病畜而发生了感染。

2. 相关职业人群如何预防炭疽病

如图 5-3 所示：

（1）**不接触传染源：** 炭疽病的传染源主要是染病的食草动物，若发现牛、羊、马、驴等动物出现突然死亡，应做到不接触、不宰

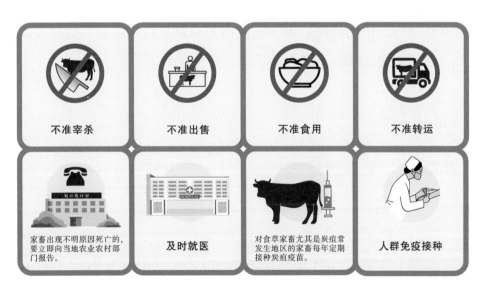

图 5-3　职业人群炭疽病的预防

杀、不食用、不转运、不出售。

（2）**做好个人防护：**从事屠宰、搬运、皮毛加工等职业高危人群，在操作时应坚持正确佩戴口罩和手套，避免可能的病原菌经破损的皮肤伤口或通过呼吸道吸入暴露引起感染。

（3）**及时报告：**对于疑似炭疽的病死畜，及时报告当地农业畜牧业部门，不要私自宰杀、处理；若发现自己或其他人出现了炭疽病的症状，则应立即向当地疾病预防控制机构报告，并及时就医。

（4）**人群免疫预防：**居住在炭疽病常发地区的人群、兽医及与牲畜密切接触者、畜牧员、皮毛以及皮革加工工人等，可每半年或一年进行一次炭疽疫苗的预防接种。

（5）**牲畜免疫接种：**对食草家畜尤其是炭疽常发生地区的家畜每年定期接种炭疽疫苗。

3．若患炭疽病，应如何应对

炭疽病是可防可治的，不必惊慌或过度应对。目前临床上可通过抗生素进行有效治疗炭疽病，青霉素是首选药物。炭疽患者治疗的关键在于"三早"预防，即早发现、早诊断、早治疗，任何延误都可能导致严重的健康后果。因此患者一旦发现感染后，应严密隔离，并尽早到正规医院进行诊治，治疗效果较好。

第二节　艾滋病

一、艾滋病案例

香港大公报于 2015 年 9 月 4 日报道：从 1994 年至 2015 年 7 月 20 日，在不强制申报的情况下，香港艾滋病病毒感染与医护人员专家组称，收到了 43 宗转介个案，受感染者包括医生、护士、牙医、专职医疗人员。

转介机制是指对于感染艾滋病的医护工作者，政府相关部门不强制对其进行 HIV 测试，仅由其主诊医生根据其情况对其进行不记名转介。尤其是 2012 年初的时候，因香港东区医院的黄浩卿医生因感染艾滋病在公寓跳楼事件，让香港更加注重对感染艾滋病医生资料的绝对保密，以及鼓励医护人员寻求适当的辅导、测试、治理及协助。

二、艾滋病基础知识

1. 什么是艾滋病

艾滋病的全称是获得性免疫缺陷综合征（acquired immunodeficiency syndrome，AIDS），它是由人类免疫缺陷病毒（human immunodeficiency virus，HIV）引起的以免疫系统损害和感染为主要特征的一组综合征。

2. 艾滋病的传染源有哪些

艾滋病的传染源就是感染了 HIV 的人，包括 AIDS 患者与无症状的 HIV 感染者。处在窗口期的感染者同样具有传染性。窗口期是指人体感染 HIV 后到体内出现 HIV 抗体并能被现有检测方法检测出来的这段时间，一般 2 ～ 12 周。

3. 哪些人容易感染艾滋病

所有人都是 HIV 感染的易感人群，其中男男 / 女女同性性行为者、多性伴侣人群、吸毒者、接受输血或血制品者、与艾滋病患者有过性接触者是艾滋病的高危人群。医务工作者也属于高危人群，因为在医疗工作当中如果没有做好防护，也有可能感染 HIV。

4. 健康人是如何感染艾滋病的

艾滋病主要通过以下 3 种途径传播（图 5-4）：

性接触传播	血液接触传播	母婴传播
★主要传播途径 ★唾液、血液、精液、阴道分泌物等体液均含HIV	★共用针剂 ★输入被HIV污染的血液或血制品 ★介入性医疗操作	★经胎盘传染 ★经产道或产后分泌物传染 ★哺乳传染

图 5-4　艾滋病的传播途径

（1）**性接触传播**：最主要的一种传播途径。人的血液、唾液、阴道分泌物、精液等体液中均含有 HIV。同性恋、异性恋以及双性恋之间发生性接触均可相互传染。

（2）**血液接触传播**：HIV 可通过输入被 HIV 污染的血液或血制品、共用针具以及介入性医疗操作等途径传播。

（3）**母婴传播**：被 HIV 感染或患有艾滋病的妇女，可以经胎盘使胎儿在宫内感染，婴儿在分娩期经产道、产后分泌物传染或通过哺乳喂养感染 HIV。

5. 感染 HIV 后有哪些症状

艾滋病是一种慢性传染病，从最初感染 HIV 到终末期，要经历一个相对比较漫长的过程。艾滋病病程可分为急性期、无症状期和艾滋病期三个阶段，不同阶段的艾滋病临床表现不尽相同（图 5-5）：

（1）**急性期**：感染 HIV 后 2 ～ 4 周。在急性期少数患者会出现一过性的感染症状，表现为发热、全身疼痛、恶心、呕吐、皮疹、淋巴肿大等，上述症状会在 1 ～ 3 周后缓解。

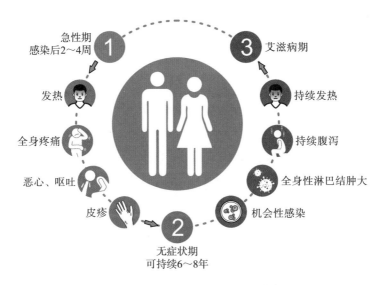

图 5-5　艾滋病的主要临床表现

（2）**无症状期：**通常持续 6 ～ 8 年。部分患者在急性期好转后可进入无症状期，也有部分患者没有急性期，直接进入了无症状期，该期具有传染性。

（3）**艾滋病期：**该阶段不仅会出现感染 HIV 时引起的持续发热、腹泻、淋巴结肿大等症状（可持续 1 个月以上），还可能出现各种机会性感染，如肺孢子菌、念珠菌、结核菌、带状疱疹病毒感染、恶性淋巴瘤、卡波西肉瘤、皮肤癌等。

6. 艾滋病患者是否需要隔离

艾滋病患者是不需要隔离的。艾滋病虽然是一种传染病，但是它并不能通过呼吸道飞沫传播，它传播的途径只能是发生性行为或是血液交换以及母婴间进行传播。在艾滋病患者的生活中，通过一些日常接触，如拥抱、握手、谈话、礼仪性亲吻、共同进餐等是不会传染的。

7. 日常生活中如何预防艾滋病

（1）在发生性行为时，全程坚持正确使用安全套是预防艾滋病最有效的措施之一。

（2）不共用剃须刀、牙刷等生活用具。

（3）远离毒品，使用清洁注射器。

（4）避免不必要的注射、输血，不使用没有经严格消毒的器具进行拔牙和美容。

（5）接触带有血液、体液及其他分泌物的物品时要正确佩戴手套。如皮肤、黏膜等损伤应先戴手套再进行包扎，处理完毕后脱去手套并认真洗手。

（6）均衡营养，保持身体健康，增强抗病毒能力。

三、案例分析

1. 具体案例解析

医务人员在从事日常诊疗、护理等工作过程中如果被 HIV 感染者或 AIDS 患者的血液、体液及其他分泌物污染了皮肤或者黏膜，或者被含有 HIV 的血液、体液及其他分泌物污染了的针头及其他锐器刺破皮肤，就有可能感染 HIV，因此医务人员属于艾滋病职业暴露的主要人员之一。

2. 医务人员如何减少职业暴露

（1）医务人员在接触病源物质时，要做好以下三点防护措施：

1）在进行有可能接触艾滋病患者的血液、体液及其他分泌物的诊疗及护理操作时必须正确佩戴手套，操作结束后，应脱去手套后立即洗手，必要时要进行手部消毒。

2）在诊疗和护理操作过程中，如果有可能发生血液和体液大面积飞溅或者医务人员的身体有可能会受到污染时，还应穿戴具有防渗透性能的隔离衣或围裙进行防护。

3）医务人员的手部皮肤如果有破损，应尽量避免进行外科手术等可能会接触到血液、体液等的诊疗和护理操作，如果需要进行，必须佩戴双层手套。

（2）医务人员在进行介入性、侵袭性诊疗和护理的操作过程中，要特别注意防止被刀片、缝合针、针头等锐器划伤或刺伤。

（3）正确、妥善处置污染物品。使用后的锐器应当直接放入耐刺、防渗漏的利器盒中，以防人体刺伤。

（4）利用每年的世界艾滋病宣传日，加强对医护人员进行培训和宣传教育。

（5）对污染的环境和物品及时进行消毒处理。如使用过氧乙酸、次氯酸钠、戊二醛等消毒剂，对 HIV 均有较好的灭活作用。

3. HIV 职业暴露后处理原则及流程

如图 5-6 所示：

（1）**处理原则：**职业暴露后需尽快进行应急处置。

（2）**医务人员职业暴露 HIV 处置流程：**

1）挤压：利用重力作用，在伤口旁端轻轻挤压，最大限度地将进入伤口的血液体液排出，减少感染机会。最好边冲边挤压，禁止进行伤口的局部挤压。

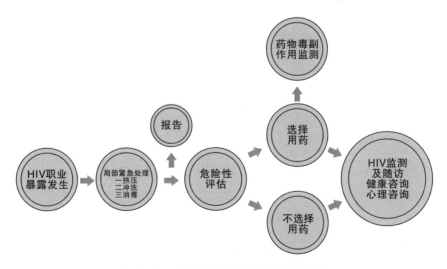

图 5-6　HIV 职业暴露后处理流程图

2）冲洗：可使用流水或清洁肥皂水、无菌液体进行冲洗。污染眼部等黏膜时，应使用大量的生理盐水对受污染的黏膜进行反复冲洗。

3）消毒：使用碘伏、酒精等进行消毒，根据暴露情况确定是否需要无菌敷料进行包扎。

4）报告：发生职业暴露后应立即向医院的主管部门领导及感染预防控制科报告。

5）评估：在专家的指导下，根据暴露程度决定是否需要进行预防性服药。

6）预防用药：在发生职业暴露后，根据评估结果尽可能在最短的时间内（2小时内）进行预防性用药，最好不要超过24小时，但如果超过了24小时，也建议要进行预防性用药。服药时间越早，保护效果越好。首次服药原则上最迟不超过暴露后72小时。

7）随访与监测：职业暴露后应于6个月内对人员开展HIV追踪检测与随访。

第三节　尘肺病

一、尘肺病案例

周某，男，1985年出生。2004年6月起在湖南省武冈市某私营小矿从事采煤工作。2010年初，周某因咳嗽全身无力到医院就诊，经X光检查，怀疑其患有尘肺病，医生建议他到邵阳市疾控中心做进一步诊断，但周某觉得麻烦又不愿奔波也就并未放在心上。同年5月，周某同乡工友因肺癌病逝，这才让周某受到触动。

同年 10 月，在家人的催促下周某到邵阳市疾控中心做职业病检查，结论为"疑似尘肺病，建议申请职业病诊断"。日后，周某被告知不用再去煤矿工作了，经多次交涉无果后周某只得选择在家务农。2012 年 7 月，周某向邵阳市疾控中心提交了相关材料后，被诊断为煤工尘肺一级。2014 年 7 月，周某又向劳动能力鉴定委员会提出劳动能力鉴定，最终鉴定结论为伤残七级。

二、尘肺病基础知识

1. 什么是尘肺病

尘肺病是我国最常见的一种职业病，是由于在生产劳动中长期吸入生产性粉尘并在肺内滞留而引起的一种慢性、进行性肺部疾病。

2. 哪些人容易得尘肺病

从事矿山开采、机械制造（如金属铸件制造）、冶炼、建筑材料（如玻璃、水泥制造）、铁道、公路修建中的隧道开凿及铺路人员、石碑、石磨加工制作等工作人员容易患尘肺病。

3. 我国法定的尘肺病有哪些

尘肺病是一组职业性肺部疾病的统称。根据我国《职业病分类和目录》，目前法定的尘肺病有 13 种：矽肺、煤工尘肺、石墨尘肺、炭黑尘肺、石棉肺、滑石尘肺、水泥尘肺、云母尘肺、陶工尘肺、铝尘肺、电焊工尘肺、铸工尘肺以及根据《尘肺病诊断标准》和《尘肺病理诊断标准》可以诊断的其他尘肺病。

4. 尘肺病有哪些临床表现

由于粉尘性质、暴露剂量和个体差异等因素，不同种类、不同程度的尘肺病表现有所不同，主要临床表现如下（图 5-7）：

（1）**咳嗽、咳痰：**通常为阵发性刺激性咳嗽咳痰，若尘肺患者合并慢性支气管炎及肺内感染时，咳嗽可明显加重，会出现咳黄浓

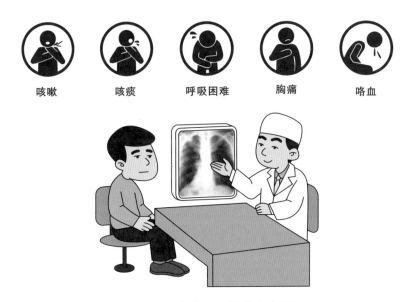

咳嗽　　　　咳痰　　　　呼吸困难　　　　胸痛　　　　咯血

图 5-7　尘肺病主要临床表现

痰，咳痰量明显增多，且不易咳出。

（2）**胸痛**：尘肺患者经常感觉胸痛，胸痛多为局限性，疼痛部位不固定，常有变化。一般为隐痛，也可胀痛、针刺样痛等。

（3）**呼吸困难**：随着尘肺患者肺组织纤维化程度的加重，呼吸困难也逐渐加重。

（4）**咯血**：较为少见，可由于呼吸道黏膜血管损伤，使痰中带有少量血丝。

5. 得了尘肺病怎么办

尘肺患者一旦确诊后，应立即脱离接触有害粉尘作业，并向相关部门提出劳动能力鉴定，即根据患者的主要临床表现、X 射线诊断分期并结合肺代偿功能最终进行定论。同时还要适当安排工作或休息。

此外，患者应注意自我保健，戒烟、戒酒，加强营养，并进行适当的体育锻炼和对症治疗，改善体质、延长寿命。

6. 尘肺病的预防措施

目前，尘肺病尚无有效的根治方法，但可以预防。我国的尘肺病综合性预防可以归纳为"革、水、密、风、护、管、教、查"八字方针（图 5-8）。

图 5-8　尘肺病的预防

（1）**革**：进行生产工艺和设备的技术革新和技术改造。

（2）**水**：进行湿式作业，喷雾洒水，防止粉尘飞扬。

（3）**密**：将敞口设备改成密闭设备或者使用密闭的生产设备密闭尘源，减少粉尘外逸。

（4）**风**：采用通风措施（如安装排通风除尘系统）将作业场所的含尘气体抽走。

（5）**护**：作业工人应正确使用防尘口罩、防尘服等防护用品，减少粉尘对健康的危害。

（6）**管**：加强防尘管理，建立严格的规章制度，定期更新和维修设备。

（7）**教**：做好职业安全与健康教育，普及防尘知识，提高作业人员自我防病意识。

（8）查：定期监测生产环境中粉尘的浓度，评价作业环境防尘措施及效果；对接尘人员进行就业前和定期的健康体检，对脱离粉尘岗位的人员也要做好健康监护工作。

三、案例分析

1. 具体案例解析

该案例中患者周某从事采煤工作 6 年，有明确的生产性粉尘职业接触史；结合周某本人目前出现的健康损害、医院健康检查结果以及邵阳市疾控中心职业病的诊断结果，基本可以认定周某患的是尘肺病。

2. 职业人群如何防治尘肺病

（1）上岗前职业健康检查，及时发现从事粉尘作业禁忌证，如活动性肺结核、慢性阻塞性肺部疾病、严重的心脑血管疾病等。有作业禁忌证人员不得从事接尘作业。

（2）在岗职业健康检查，定期对接尘人员进行职业健康检查，以早期发现尘肺病患者，及时给予治疗与处理。

（3）离岗职业健康检查，对脱离粉尘岗位的人员也应进行定期的健康检查，保护职业人群健康。

（4）定期对粉尘作业环境进行监测，了解作业场所劳动条件，及时落实或改进防尘措施，改善劳动条件。

（5）粉尘作业工人应加强个人防护，必须正确、合理地使用防尘口罩、防护头盔、防护面具、防尘服等个人防护用品。

（6）养成良好的个人卫生习惯，如及时更换工作服、下班后及时冲洗、勤洗手、保持皮肤清洁。

（7）加强营养，劳逸结合，生活作息规律。

（8）治疗与处理：尘肺病一旦确诊，必须及时调离粉尘作业岗位，并给予治疗或疗养。临床上一般采用对症治疗、支持疗法、中药治疗（如丹参酮、川芎嗪、痰热清、银杏叶制剂）等，延缓尘肺病病情的进展，延长患者寿命，提高患者的生活质量。

第四节 鼠疫

一、鼠疫案例

据报道，宁夏医科大学总医院于 2021 年 8 月 21 日确诊了一例鼠疫（腺鼠疫）病例。患者马某某（女，55 岁，常年从事放牧工作）于 8 月 14 日 13 时左右出现恶心、呕吐症状，在鄂托克旗乌兰镇某一诊所就诊；8 月 15 日 20 时左右，由其子驾车接回平罗县城关镇，到金水湖畔某诊所就诊；8 月 16 日 17 时左右，再次到金水湖畔某诊所就诊，20 时左右到平罗县人民医院就诊；8 月 17 日 0 时 30 分左右，由其子驾车将其送至宁夏医科大学总医院就诊，凌晨收住院；8 月 20 日诊断为疑似鼠疫病例；8 月 21 日确诊为鼠疫病例，病情危重。

二、鼠疫基础知识

1. 什么是鼠疫

鼠疫是由鼠疫杆菌所引起的一种烈性传染病，具有发病快、病情重、传染性强、病死率高的特点。鼠疫患者因机体感染后可出现败血症，临床上多表现为全身皮肤广泛出血、瘀斑、发绀、坏死等，导致患者死后尸体呈现紫黑色，故又被称为"黑死病"。

2. 鼠疫的传染源有哪些

主要传染源为啮齿动物，以褐家鼠和黄胸鼠多见。此外，野

猫、野狼、野狐、野兔、骆驼等也可能是鼠疫的传染源。患者是肺鼠疫的主要传染源。

3. 哪些人容易感染鼠疫

人群普遍易感。野外工作者、与旱獭有密切接触者或剥食者、牧民等是高危人群。鼠疫感染后可获得持久免疫力。

4. 人是如何感染鼠疫的

鼠疫可通过以下3种方式进行传播（图5-9）：

（1）**鼠蚤叮咬传播**：鼠、旱獭等啮齿动物是鼠疫杆菌的自然宿主，鼠蚤为传播媒介。感染了鼠疫的啮齿动物可经鼠蚤叮咬，将其体内携带的鼠疫杆菌传染给人，形成"动物→跳蚤→人"的传播，这是鼠疫的主要传播途径。

（2）**呼吸道飞沫传播**：肺鼠疫患者可通过呼吸、咳嗽，将其呼吸道分泌物中存在的大量鼠疫杆菌释放到周围空气中，形成细菌微粒和气溶胶传染给他人，形成"人→空气飞沫→人"的传播。

（3）**皮肤接触传播**：人通过剥皮、宰杀及食肉等方式直接接触

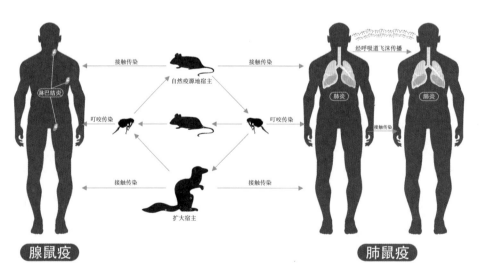

图 5-9　鼠疫的传播途径

动物传染源时，鼠疫杆菌可通过人体皮肤上非常微小的伤口（如手指的倒刺）进入体内，然后经淋巴管或血液引起腺鼠疫或败血型鼠疫。

5. 人感染鼠疫后有哪些症状

根据患者的临床表现和发病特点，可将鼠疫分为腺鼠疫、肺鼠疫、败血型鼠疫及其他类型鼠疫（如皮肤鼠疫、肠鼠疫）（图 5-10）。

图 5-10　鼠疫主要临床表现

（1）**腺鼠疫：**患者主要表现为高热，腹股沟、腋下、颈部等淋巴结肿大疼痛，伴头痛、四肢痛、寒战、恶心、呕吐、乏力、皮肤黏膜出血点等症状。

（2）**肺鼠疫：**肺鼠疫在较短的潜伏期（一般 3～5 天）过后可表现为急性起病，在临床上出现高热、畏寒、淋巴结肿大、咳痰、咯血、胸痛、呼吸困难、嘴唇发紫等症状，严重者可因心力衰竭、休克而死亡。

（3）**败血症型鼠疫：**患者病情常常进展迅速，表现为突然的高热、寒战、神志不清或昏迷，后很快出现感染性休克，皮肤广泛出血、瘀斑和坏死导致死亡。

6. 鼠疫可以发生人传人吗

腺鼠疫在人和人之间传染是比较弱的，一般情况下不具备通过呼吸道人传人的特点。但腺鼠疫患者一旦发展为肺鼠疫，这时人群之间的传染性就比较强了。

7. 普通人群如何预防鼠疫

严格按照鼠疫防控"三不三报"的要求，切实做好个人防护，提高自我防护意识和能力。

（1）"三不"：不捕猎、不剥食、不携带疫源动物（如鼠类）及其产品离开疫区。

（2）"三报"：发现病（死）的旱獭及其他动物、疑似鼠疫患者、不明原因的高热患者和病死患者时均要按相关规定及时报告。

（3）养成良好的个人卫生习惯，尽量避免前往人群集聚场所，去医疗机构就诊或个人出现发热、咳嗽等相关症状时要及时佩戴口罩。

（4）若怀疑自己与病例有过接触，可向当地疾控部门主动申报，取得专业人员的指导，一旦出现发热、淋巴结疼痛、头痛、咳嗽、咯血或皮肤出血等症状时应及时就医。

（5）外出旅游时应尽量避免与野生动物直接接触，不逗玩健康状况不明的旱獭。

（6）通过使用驱虫剂、减少躯体暴露等方式做好个人防护，避免被跳蚤叮咬。

（7）不私自捕猎和食用野生动物。

三、案例分析

1. 具体案例解析

该案例患者马某某常年从事放牧工作，有相关的职业接触史，临床表现出现了恶心、呕吐等症状，再结合实验室检查其淋巴穿刺液、血液、痰液或其他分泌物能分离出鼠疫杆菌，即可确诊该患者为鼠疫病例。

2. 牧民等职业相关人群如何预防鼠疫

如图 5-11 所示：

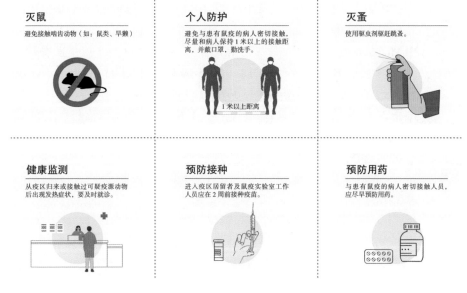

图 5-11　职业人群鼠疫防治

（1）应避免接触啮齿动物（如鼠类、旱獭）。

（2）避免与患有鼠疫的患者密切接触，尽量和患者保持 1 米以上的接触距离，并佩戴口罩，勤洗手。

（3）使用驱虫剂驱赶跳蚤。

（4）从疫区归来或接触过可疑疫源动物后出现发热等症状，要及时就诊。

（5）进入疫区的居留者、从事与鼠疫菌种有关的实验室工作人员应在 2 周前接种疫苗。

（6）与鼠疫患者密切接触的人员，应尽早预防用药。

（张丽娥　柳怡敏）

参考文献

[1] 健康时报.中疾控周报：山东出现炭疽死亡病例系一名 14 岁学生 [EB/OL].（2021-08-31）[2021-11-10] http://news.hsw.cn/system/2021/0831/1364480.shtml.

[2] MediSci.香港医护人员艾滋病感染报告已达 43 例（附：医护职业暴露预防与处理）[EB/OL].（2015-09-06）[2021-11-10] https://www.medsci.cn/article/show_article.do?id=cb9855805a7

[3] 北青网.宁夏银川市确诊一例输入性鼠疫病例，患者病情危重 [EB/OL].（2021-08-22）[2021-11-10] https://xw.qq.com/cmsid/TWF202108220009234Y.